计算机科学先进技术译丛

Python超入门

[日] 镰田正浩 著

曹梦 译

机械工业出版社

近年来，随着企业和个人用户数量的迅速增加，Python 已然风行于机器学习、深度学习、数据解析、科学计算、Web 应用程序等众多领域，成为一种广受欢迎的编程语言。本书共分 7 章，包括 Python 介绍、开始 Python 编程、编程基础语法使用、高效编程应用篇、在程序中读取并编写文件、导入功能模块、编写应用程序。本书在讲解的过程中，穿插了专栏与解说，详细地讲解了初学者在编程过程中可能会遇到的难点和误区。在本书的最后，还增加了附录，列出了编程中经常出现的语法错误、缩进错误、名称错误、导入错误、属性错误，帮助初学者有效避免这些常见错误。

本书适合初学 Python 语言的读者使用，同时也可作为对 Python 感兴趣的读者的自学参考书。

图书在版编目(CIP)数据

Python 超入门 /（日）鎌田正浩著；曹梦译．—北京：机械工业出版社，2021.4（2022.1 重印）
（计算机科学先进技术译丛）
ISBN 978-7-111-68093-2

Ⅰ.①P…　Ⅱ.①鎌…②曹…　Ⅲ.①软件工具-程序设计　Ⅳ.①TP311.561

中国版本图书馆 CIP 数据核字（2021）第 078211 号

机械工业出版社（北京市百万庄大街 22 号　邮政编码 100037）
策划编辑：杨　源　责任编辑：杨　源
责任校对：徐红语　责任印制：郜　敏
北京中兴印刷有限公司印刷
2022 年 1 月第 1 版第 2 次印刷
184mm×260mm · 15.75 印张 · 341 千字
标准书号：ISBN 978-7-111-68093-2
定价：99.00 元

电话服务	网络服务
客服电话：010-88361066	机　工　官　网：www.cmpbook.com
010-88379833	机　工　官　博：weibo.com/cmp1952
010-68326294	金　　书　　网：www.golden-book.com
封底无防伪标均为盗版	机工教育服务网：www.cmpedu.com

前 言

你是从什么时候开始对编程感兴趣的呢？是想要自己开发游戏、手机 App，提供网络服务的时候？还是在听说会编程的人很厉害后也想大显身手？或者是在学校或工作中接触到了编程？

就我而言，一开始学习编程并没有什么强烈的动机，只是隐约觉得写程序很酷。我最早接触的编程语言是 C 语言。虽然一开始写的程序并不十分理想，但是当它第一次运行成功的时候还是觉得特别激动。不过从那之后，我渐渐对写代码这件事失去了兴趣，发现自己其实不怎么喜欢编程。记得自己还是学生的时候，就曾想过将来不要从事跟编程有关的工作。

后来吸引我再次开始编程的契机是，我创建了一个真正为人所用的系统，从而知道了可以用自己的双手去创造出一个在现实世界里被需要的、有意义的东西是多么有趣。如果没有发生这件事的话，或许我不会选择当工程师，现在的人生或许也会不同。我想之所以现在还在写程序，从事这份工作，应该也是因为我从中感受到了乐趣吧。

本书从个人的经验出发，希望那些对编程感兴趣并且想要开始学习的人，可以从中感受到编程所带来的乐趣。对于讲解中使用的程序，我会说明它们在实际存在的系统中是如何构建的，并且展示相关的功能及其在实践过程中发挥的作用。这也是我当初学编程时想要了解的，我将基于此展开本书内容。所以请放松心情，来享受 Python 编程的乐趣吧！如果读完这本书后，你能感受到哪怕一点点编程的乐趣，作为作者的我是再高兴不过了。

致 谢

之所以能够写出这本书，是因为周围的人给了我很多不局限于知识层面的帮助。同时，也是在妻子的帮助下，我才能在工作之余花费大量的时间来写作，让这本书得以面世。在此，表示衷心的感谢。

目 录

第 1 章　Python 介绍

本章将对“Python 是什么”展开说明。首先为了能在大家的计算机上运行 Python 程序，我们需要搭建一个运行环境。根据系统（Windows / Mac）的版本，安装环境的步骤也有所不同。请根据自己的系统进行安装并设定合适的运行环境。

1.1 开始学习 Python 吧

首先我们来对 Python 进行一些简单的介绍，想要快速开始学习的读者可直接跳转至1.2节。

Python 是什么

入手本书的读者都抱有学好 Python 的想法，应该了解 Python 是一门计算机编程语言。它是在1990年初由荷兰人 Guido van Rossum 开发的编程语言。Python 一词取自于英国喜剧 *Monty Python's Flying Circus*，原意是“蟒蛇”。这也正是 Python 蟒蛇图标的来源。

Python 的特征

编程语言种类繁多，有 C、C++、Java、COBOL 以及 PHP、Perl、Ruby、JavaScript 等。这里提到的每一种都是现在知名的编程语言，或许大家都听说过。这些编程语言之所以能够共存，正是因为它们各自有着不同的特征。我们可以根据开发目的，侧重点（开发效率、计算速度等），或是自己的偏好，来决定使用何种语言。Python 也拥有着一些特征，其中最具代表性的就是它的代码可读性强。因为这个特征，它被称为是最适合初学者的编程语言。事实上，根据美国在已开设信息课程的名校进行的调查显示，将 Python 作为入门语言进行教学的学校达70%左右。除此之外，用于教育目的开发的小型单片机计算机树莓派（Raspberry Pi）也使用 Python 作为主要开发语言。在世界范围内 Python 都被认为是非常适合编程初学者学习的语言。

Fig 树莓派（Raspberry Pi）

（照片：Raspberry Pi Foundation）

这样小巧的电路板可以连接显示屏和键盘，作为计算机来使用。

Python 的可读性强源于其语法的简单性。谈到简单性，或许你会想“用 Python 只能写出一些简单的程序吗？”并不是这样。接下来本书将具体介绍我们可以用 Python 来做什么。在许多世界知名企业和机构，比如 Google、Dropbox、NASA 等，都将 Python 作为主要的编程开发语言，进行了许多复杂的计算和高水准的研发工作。笔者自己在工作中也用 Python 进行了图像处理系统的开发，截至目前此系统仍然向客户提供服务。

Python 社区

Python 爱好者以及用户共同建立起了 Python 社区。由这个团体举办的 PyCon（Python Conference）在世界各地举办活动。PyCon 在日本每年举办一次，会议期间 Python 用户间相互指导、交流和讨论。除此之外，在日本的各个地区，区域内的 Python 用户也会成立社区进行学习交流。最近，为了方便 Python 女性用户的交流学习，建立了诸如 PyLadies Tokyo 的社区。有读者最初或许会认为参加这种集会很困难，但只要鼓起勇气踏出第一步，应该会有新的发现，自己也能从中学到新技术。虽说在交流会上发言的确需要准备一些内容，但作为听众，技术方面并没有太高的门槛，推荐读者去参加体验。

众多的编程语言

哪怕仅统计目前使用率较高的一些编程语言，我们也无法准确知道它们的数量。这是因为个人也可对编程语言进行开发，或许就在此时此刻，在世界上的某个角落正诞生着一门新的编程语言并迅速传播。虽然无法给出一个具体的数字，但粗略估算当前的编程语言的数量也已超过1000种。

Python的版本

现行的Python有2.0系列和3.0系列。由数字可知3.0相对较新，推荐刚开始学习Python的初学者使用3.0的版本。之所以要强调这点是因为有很多项目现在（2016年）也还在使用2.0系列。但由于Python从2.0更新至3.0后变化较大，大部分项目并不是进行简单的移植就没问题了。为了解决这个冲突，2.0系列也同3.0系列一起保持更新。由于这样的原因，很多Python的库仍未完成兼容化[⊖]。若需要调用的库只支持2.0系列，则需要选用2.0版本的开发环境。

Table Python版本和更新时间

2.0系列版本	发布时间
2.7.11	2015/12/05
2.7.10	2015/05/23
2.7.9	2014/12/10
2.7.8	2014/07/02
2.7.7	2014/06/01
2.7.6	2013/11/10

3.0系列版本	发布时间
3.5.1	2015/12/07
3.5.0	2015/09/13
3.4.4	2015/12/21
3.4.3	2015/02/25
3.4.2	2014/10/13
3.4.1	2014/05/19

值得注意的是，2.0系列将不再继续更新至2.8版本。鉴于对2.0系列的技术支持提供到2020年为止，推荐大家把现有项目移植到3.0系列中。另外，本书中的代码虽然以3.0系列为主，但2.0系列也有所涉及。鉴于现在还有很多人在使用2.0系列，对于它和3.0系列的差别，今后我们也会逐一说明。

⊖ 登录PYTHON3 WALL OF SUPERPOWERS网站可查询库是否可在3.0系列版本中使用。绿色代表可，红色代表不可。
URL http：//python3wos.appspot.com/

想要开始学习 Python 的话，运行环境的搭建是必不可少的。根据使用的操作系统，可按以下步骤进行搭建。

Windows 操作系统

◆ Python 的安装

首先从 Python 的官方网站上下载一个安装包。

1 登录 Python 官方网站。

URL https：//www. python. org/

Fig Python 官网

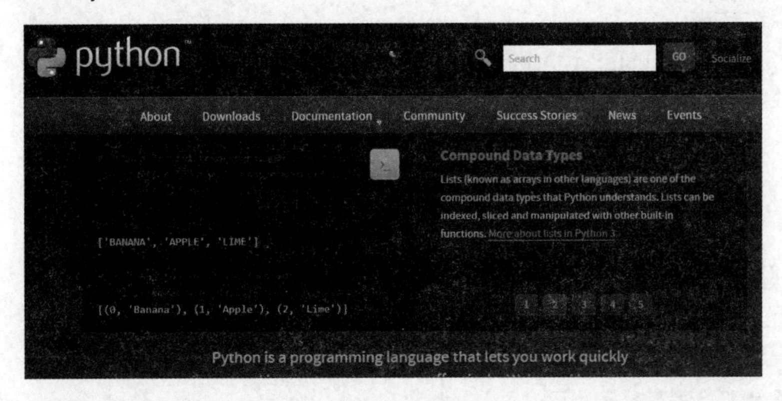

2 使用鼠标单击网页上方的“Downloads”按钮，打开附属菜单。从右侧“Download for Windows”处选择“Python 3. 5. 1”命令⊖，即可开始下载。

⊖ 由于版本在不断更新，已有比 3. 5. 1 更高的版本

Fig 将鼠标移至顶部的“Downloads”上，弹出菜单。

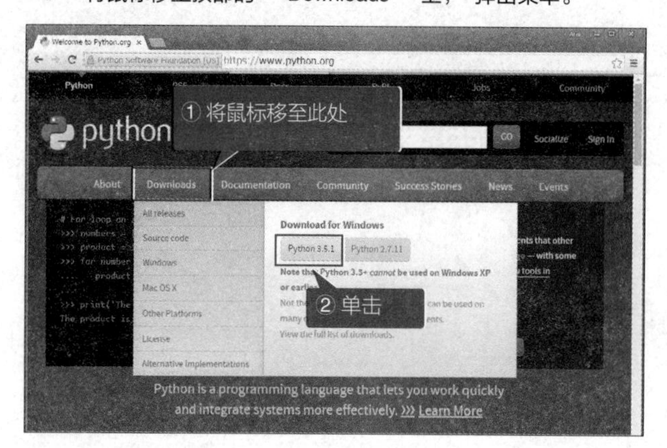

3 下载完成后，运行安装程序。双击下载的文件“python-3. 5. 1. exe”，当出现安全警告时单击“运行”按钮。

Fig 安全警告

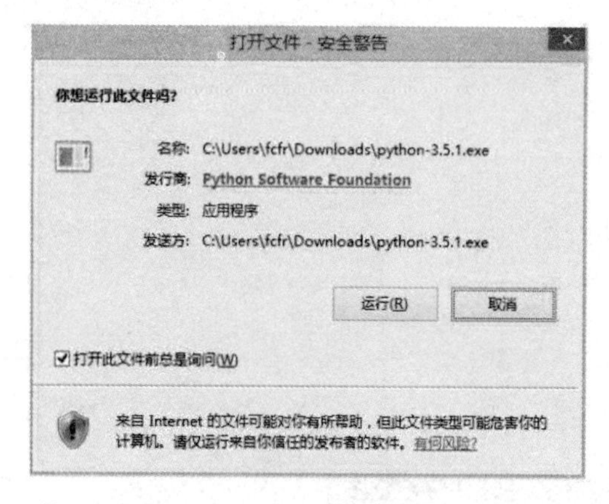

4 安装程序启动后，选中底部的“Add Python 3. 5. 1 to PATH”复选框，然后单击“Install Now”选项。

Fig 安装画面

5 弹出“用户账户控制”警报对话框时，单击“是（Y）”按钮。

Fig “用户账户控制”对话框

6 当出现“Setup was successful”时，就完成了安装。单击“Close”按钮，关闭安装程序。

Fig 安装完成

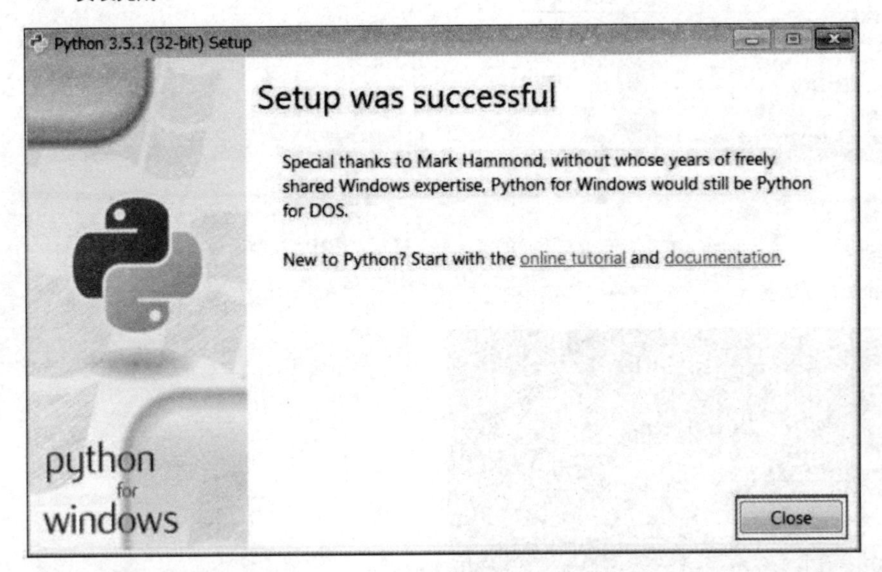

◆ 配置Python环境变量

如果想使用Python 2.0系列版本，请按照以下步骤配置环境变量。否则请进入下一页进行操作。

配置环境变量就是希望当前计算机知道Python的位置，这样就可以轻松地调用它。就好像为Python创建一个快捷图标。

1 打开“控制面板”。

* 要打开“控制面板”，请进入 Windows“开始”菜单（单击桌面左下角的 Windows 符号出现的菜单），单击“控制面板”选项。

Fig 单击 Windows “开始” 按钮

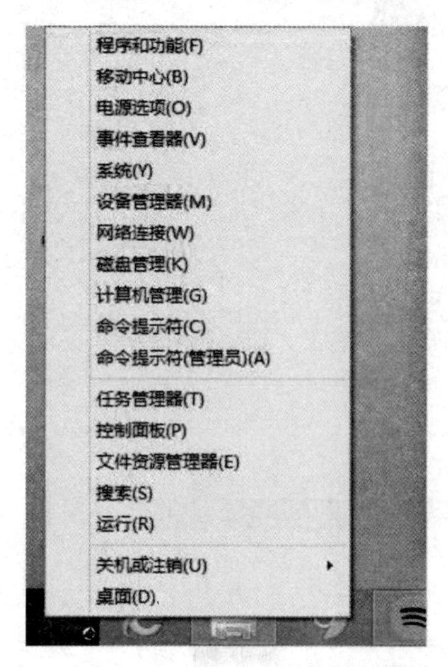

* 在 Windows 8.1 和 Windows 10 中，右击左下角的 Windows 符号，选择“控制面板（P）”选项。

Fig Windows 10 画面

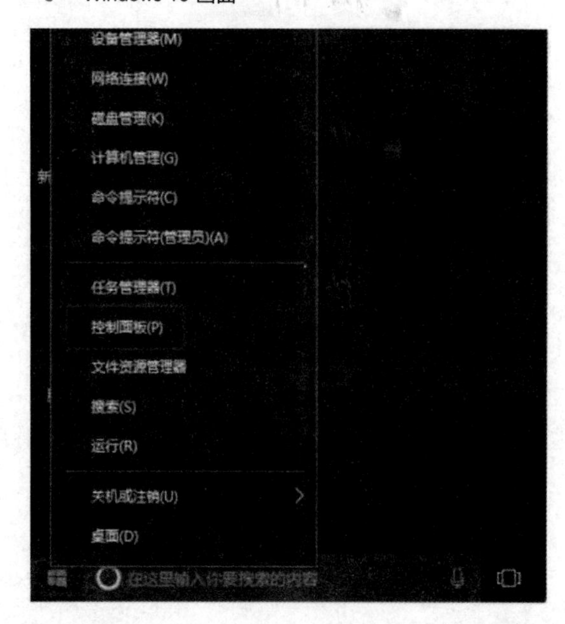

2 在“控制面板”中单击“系统和安全”选项。

Fig 控制面板

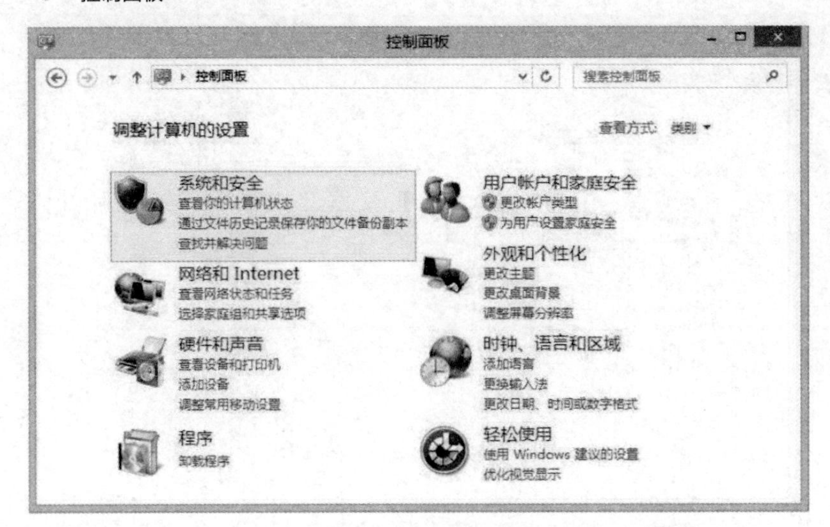

* 如果“控制面板”没有如图所示的界面，请在右上方的搜索窗口中输入“系统”进行搜索。

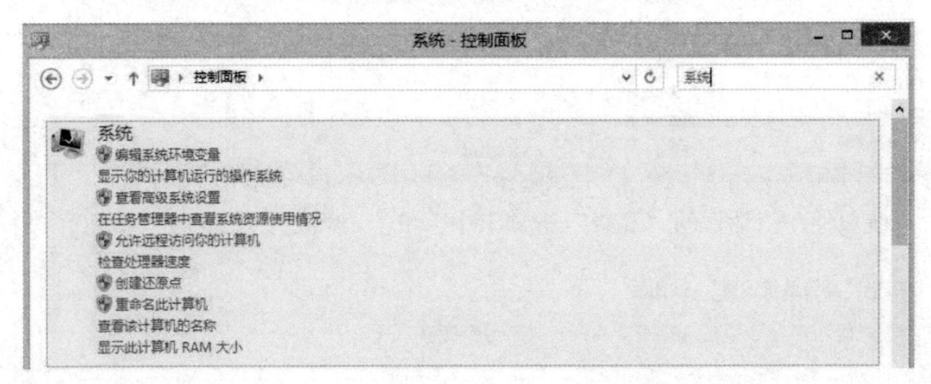

3 在“系统和安全”中，单击“系统”。

Fig 单击“系统和安全”后。

4 从左边的菜单中，单击“高级系统设置”选项。

Fig 系统设置画面

5 在“系统属性”对话框的“高级”选项卡中，单击“环境变量（N）”按钮。

Fig 单击“高级系统设置”按钮后

6 在“环境变量”对话框的“系统变量”列表框中选择变量 Path 的这一行，单击“编辑”按钮。

Fig 单击“环境变量”按钮后

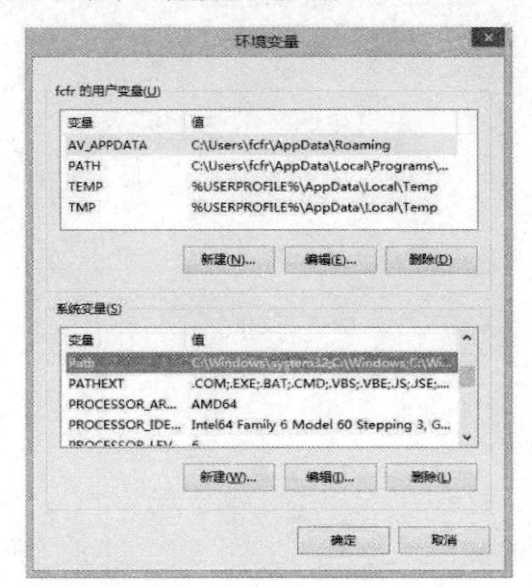

7 在变量值一栏中的末尾加上“；C：\Python27”（2.0 系列的情况下），单击“确定”按钮。

Fig 编辑系统变量

◆ Windows 10 的环境变量设置画面

在 Windows 10 中，环境变量的设置界面不同。

1 单击“新建”按钮。

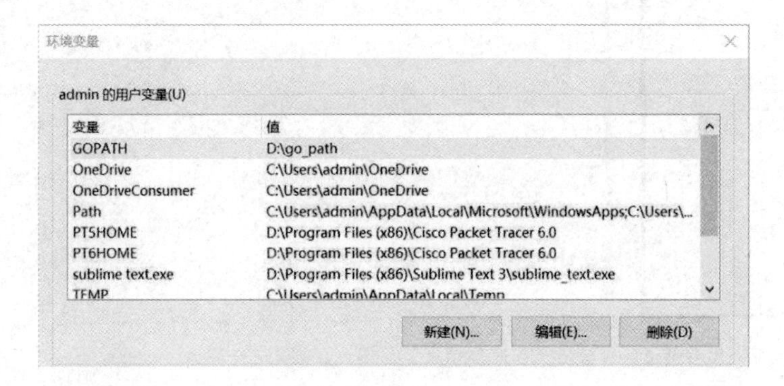

2 当文本框出现准备输入时，输入“；C：\Python27”，然后单击“确定”按钮退出。

新建用户变量

变量名(N): path

变量值(V):

浏览目录(D)... 浏览文件(F)... 确定 取消

◆ **运行检查**

安装完成后，使用 Windows 中默认安装的命令提示符进行检查。

1 打开 Windows 开始菜单，在“搜索程序和文件”中，输入“cmd”。

Fig Windows 开始菜单

2 当看到程序 cmd. exe 时，单击启动它。

Fig 在搜索栏中输入 cmd 后

* 在 Windows 10 中，右击左下角的 Windows 符号，选择“搜索”菜单，在搜索栏中输入“cmd”。

Fig 在 Windows 10 上搜索时

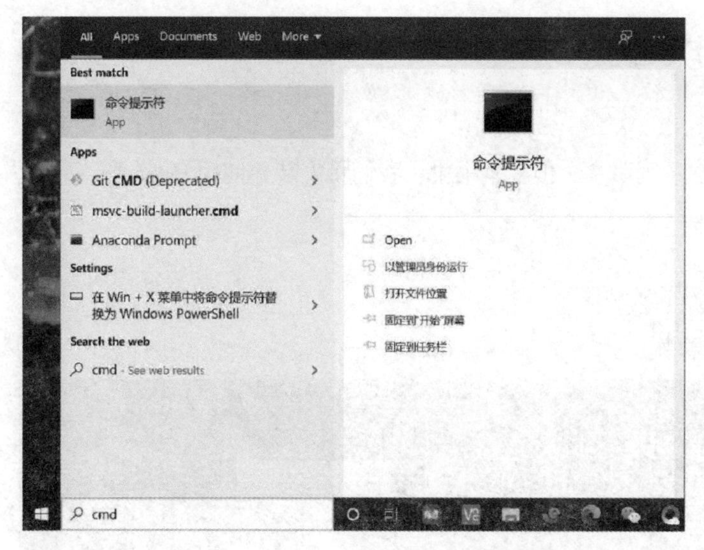

＊ 如果你使用的是 Cortana，只要输入就可以直接搜索。

Fig 在 Cortana 中搜索时

命令提示符是 Windows 中预装的一个程序。当启动命令提示符时，将会看到以下画面，用户文件夹名称后面提示 >，右侧是闪烁的光标。可以从那里开始用键盘输入文字。

Fig 命令提示符画面

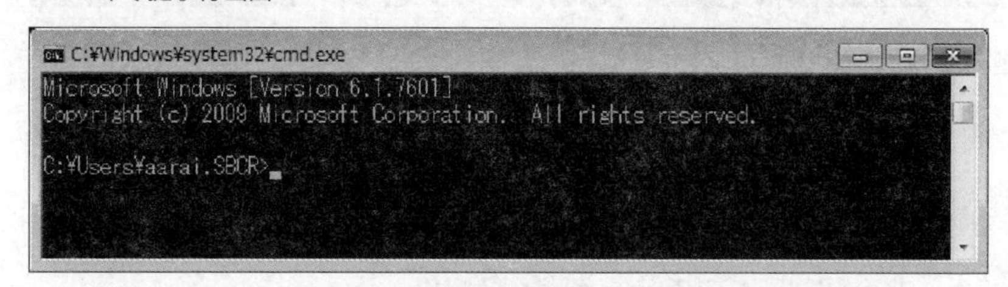

3 输入 python --version，按回车键。如果看到版本号，就可以确认安装成功了。

Fig 提示 Python 的版本号啦！

Mac OS X 操作系统

◆ Python 的安装

Mac 默认自带 Python 2.0 系列版本，但在本书中，我们将安装并使用 Python 3.5.1 版本。

1 从 Python 官网下载安装程序。

URL https：//www. python. org/

Fig 下载 Mac 版安装程序的画面

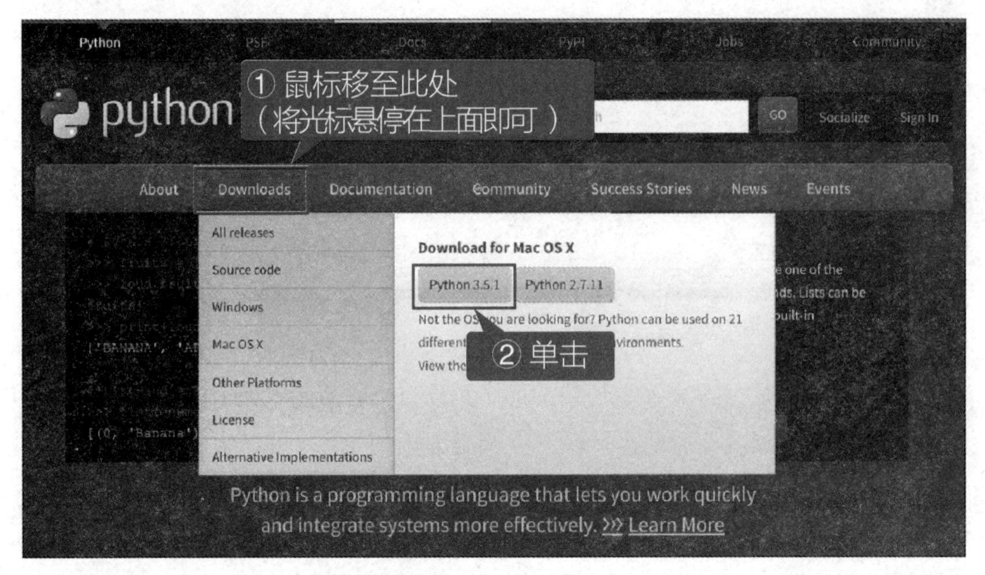

2 打开下载的 pkg 文件，出现安装界面。

Fig Mac 的安装程序界面

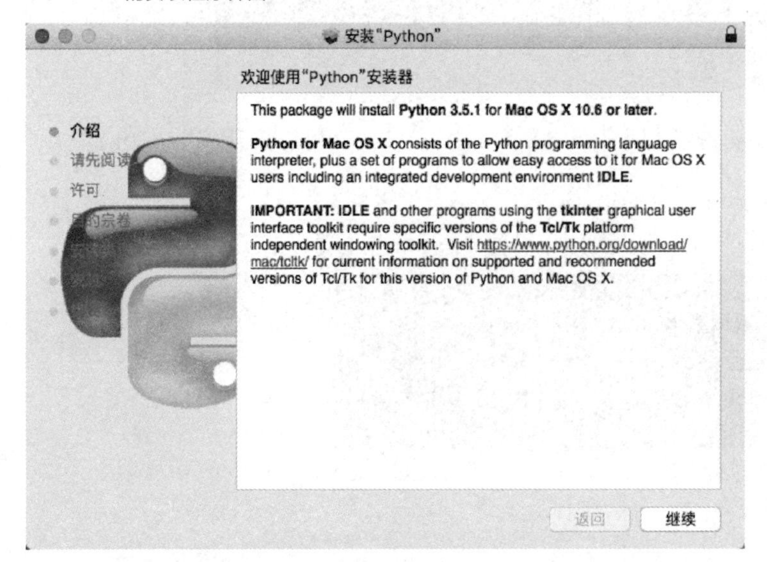

3 检查说明并单击“继续”按钮进行操作。

Fig Mac 安装程序确认画面

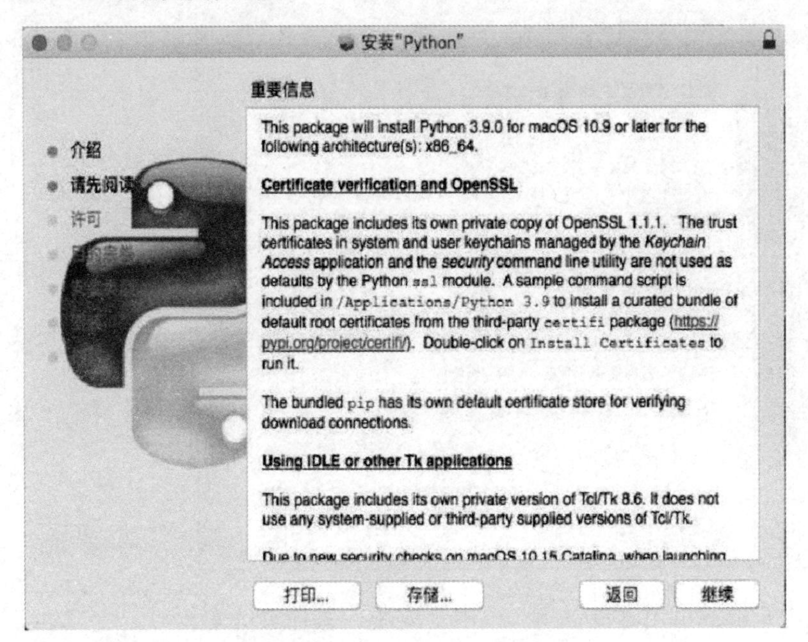

在此过程中，将出现选择是否同意使用的提示。

Fig 是否同意使用的提示画面

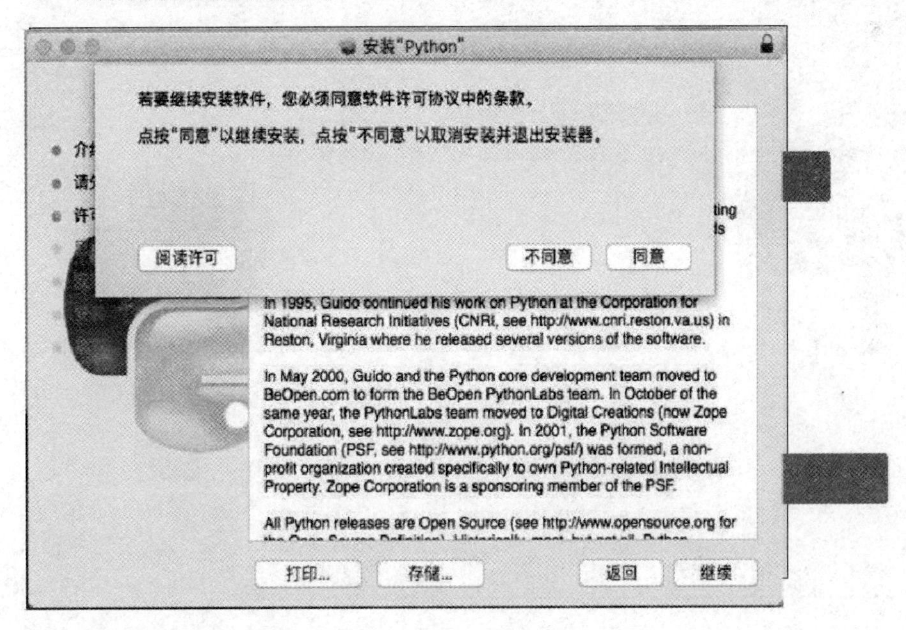

如果选择的安装位置没有问题，就可以继续往下进行。

Fig 选择安装位置

4 如果目标位置有足够的可用磁盘空间，单击“安装”按钮继续安装。

Fig 选择安装目标位置

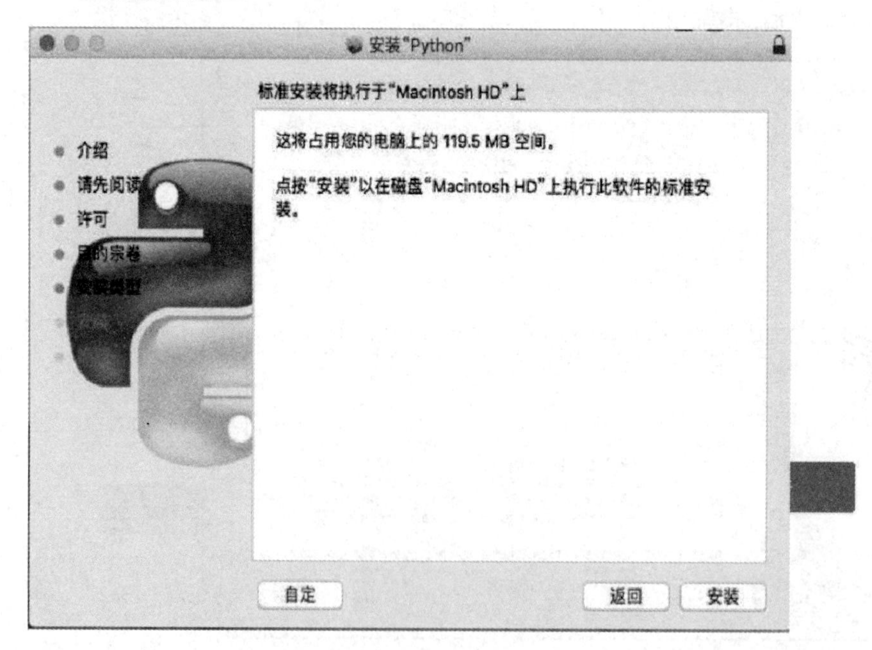

5 如果安装过程中要求输入管理员密码，请输入即可。管理员密码与启动 Mac 时使用的登录密码相同。

6 如果在最后看到这个画面，说明安装成功。单击“关闭”按钮退出。

Fig Mac 安装程序完成画面

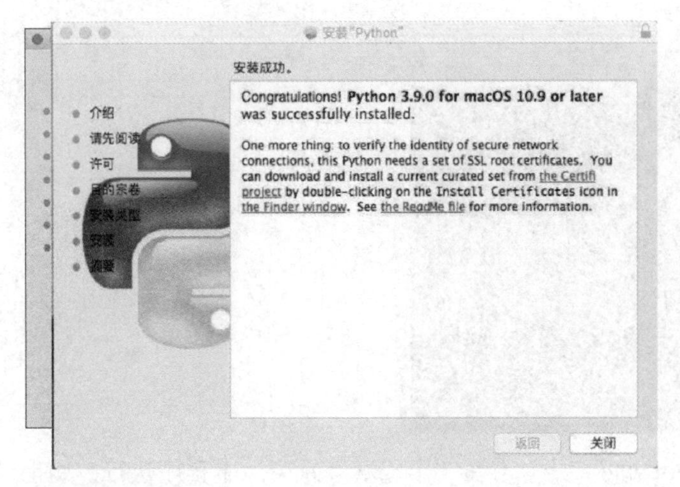

◆ 运行检查

检查安装的 Python 是否能够正常使用。可以在 Applications 下的 Utilities 文件夹中找到 Mac 上标配的 Terminal 应用[⊖]。启动后会出现以下画面，在 $ 符号的右侧光标闪烁的地方，可以使用键盘输入文本。

Fig 终端画面

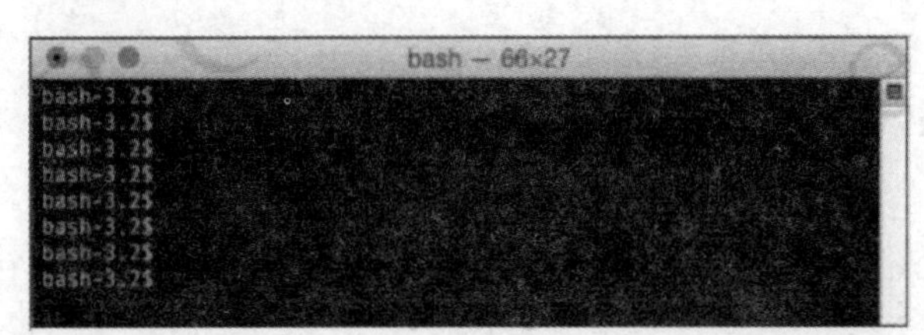

输入 python3 --version，按回车键。如果看到版本号，就可以确认安装成功了。

⊖ 如果找不到，可单击屏幕右上角的放大镜图标，在 Spotlight 搜索中输入“终端”。

如果输入“python --version”，会显示 Python 2. 7. 10，它是计算机上默认安装的 Python 2. 0 系列。

可以看到，如果输入 Python 3，将作为 Python 3. 0 系列版本程序执行，如果只输入 Python，将作为 Python 2. 0 系列版本执行。此后我们会写出越来越多的 Python 程序，在 2. 0 系列版本可以正常执行的程序在 3. 0 系列版本中可能无法正常运行。需要注意正在运行的 Python 版本和正在尝试运行的程序版本。

运行 Python 程序的方法有三种。

1. 使用交互式 shell 的功能逐行运行。

2. 将程序写好并保存在文本编辑器中，然后调用 Python 命令行运行。

3. 使用 Python 内置的软件 IDLE（Integrated Development and Learning Environment）。

在这里为大家解释一下这三种方法。为了清楚起见，我们在本书中基本都会使用交互式 shell，但其他方法并没有什么不同。如果你暂时没有文本编辑器，可以安装并使用本节最后介绍的 Atom。

在交互式 shell 中运行 Python

和 1.2 节的例子一样，在 Windows 上打开一个命令提示符，或者在 Mac 上打开一个终端，然后输入“python”，会在几行之后看到符号 > > >。

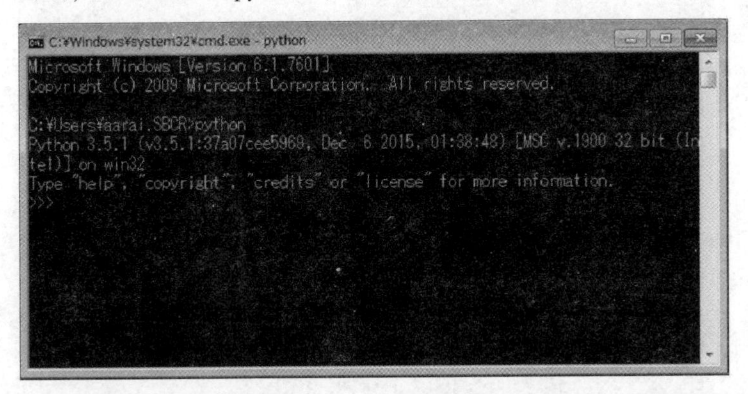

在 > > > 符号的右侧一次一行地编写你的程序，按回车键运行。来试一试吧。

Console

```
>>>print('hello world')
```

```
C:¥Windows¥system32¥cmd.exe - python
Microsoft Windows [Version 6.1.7601]
Copyright (c) 2009 Microsoft Corporation.  All rights reserved.

C:¥Users¥aarai.SBCR>python
Python 3.5.1 (v3.5.1:37a07cee5969, Dec  6 2015, 01:38:48) [MSC v.1900 32 bit (In
tel)] on win32
Type "help", "copyright", "credits" or "license" for more information.
>>> print ('hello world')
hello world
>>>
```

hello world 出现啦

要退出交互式 shell，输入“exit( )”并按回车键，或同时按 Ctrl + Z 键，再按 Enter 键。这将从屏幕显示中移除“> > >”符号，并返回到交互式 shell 启动之前的状态。

终端运行 Python

使用 Atom 等文本编辑器，可以输入刚才在交互式 shell 中运行的程序，并以“hello. py”为文件名进行保存。

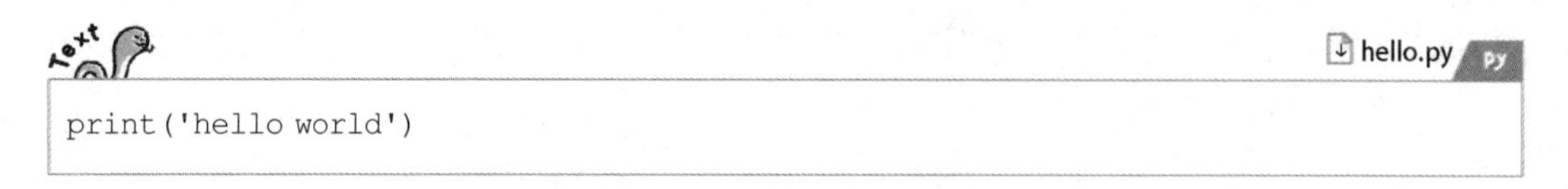


```
print('hello world')
```

* 在 Windows 环境下保存文本文件时，请选择 UTF-8 作为字符编码。

Fig 字符编码为 UTF-8

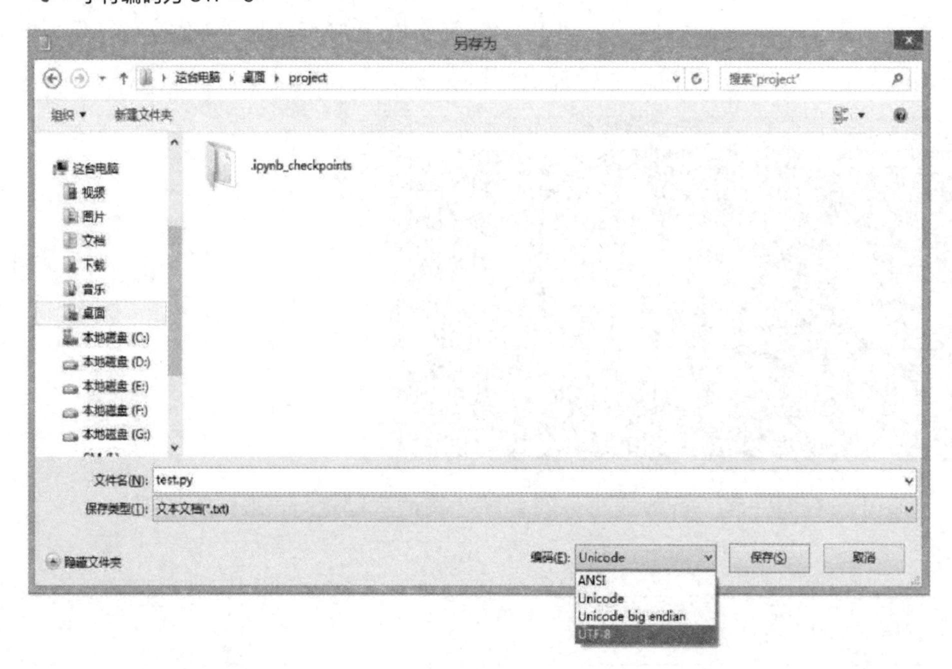

当创建了一个名为 hello. py 的文件后，启动控制台（Windows 的命令提示符或 Mac 的终端）⊖。在控制台屏幕上输入 python 或 python3，然后拖动 hello. py 即可看到 hello. py 文件的位置。按回车键运行程序。如果看到“hello world”的信息，就代表运行成功了。

Fig 运行结果

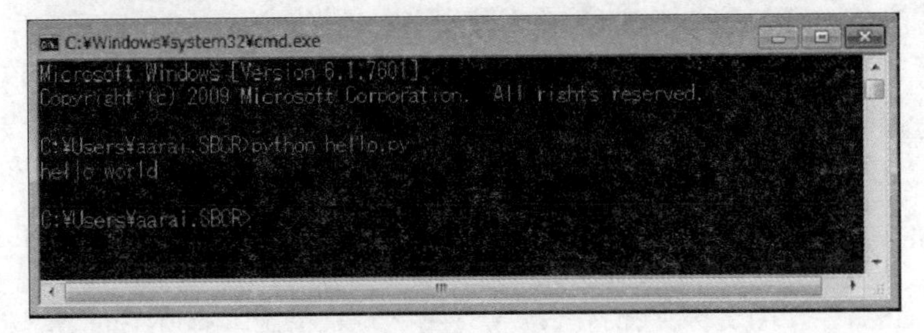

IDLE 的使用方法

IDLE 是 Python 内置的开发环境应用程序。就像在控制台（命令提示符/终端）上运行交互式 shell 一样，也可以在 IDLE 上运行交互式 shell，将 Python 程序写到一个文件中并运行。这与在控制台中运行交互式 shell 的区别在于，你的 Python 程序根据其语法进行了颜色分类表示。这个功能被称为“语法高亮”。它的优点是在编写和重读程序时更容易阅读，因为它们的颜色不一样，同时也更容易发现错误的拼写。

请注意，IDLE 本身是在 Python 中使用 tkinter 库实现的。本书最后一章会介绍这个库。请注意，除非更新 tkinter，否则 IDLE 将无法在 Mac 上正常工作。

◆ Windows 系统中

1 就像启动命令提示符一样，在 Windows 开始菜单的“搜索程序和文件”栏中输入“IDLE”即可显示搜索结果。

Fig IDLE 的搜索结果

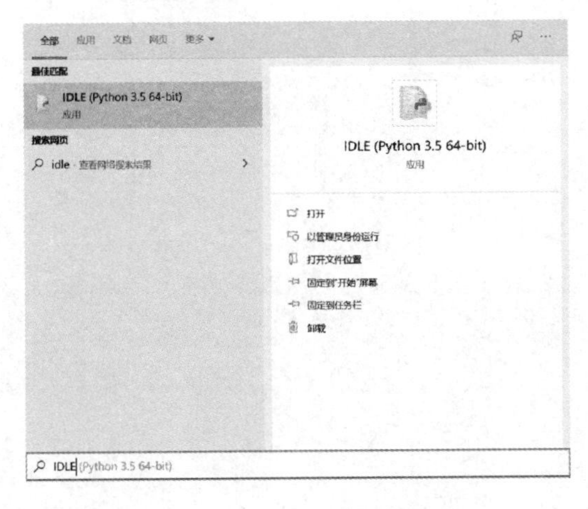

⊖ 各自的启动方法请参考运行检查（Win➡p. 12、Mac➡p. 17）。

2 单击新版本启动 IDLE。

Fig 启动 IDLE 后

◆ Mac 环境中

1 在打开 Finder 的情况下，从屏幕左侧的收藏夹中选择应用程序，你会看到屏幕右侧的应用程序列表。找到 Python 3.5 的文件夹并打开（文件夹名称根据版本有所不同）。

2 双击启动 Python 3.5 文件中的 IDLE. app。

Fig Python 3.5

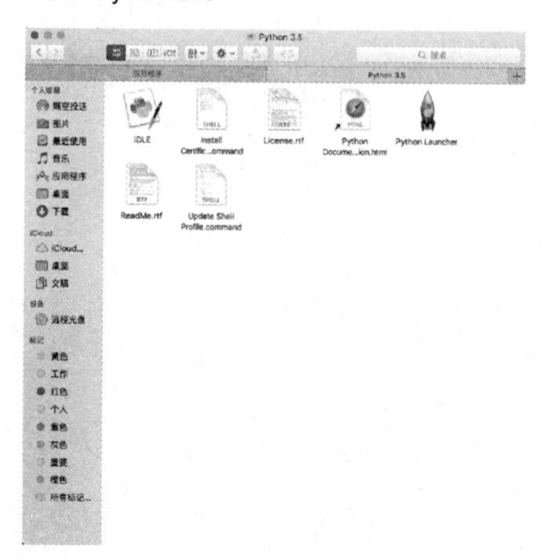

Fig　IDLE 启动后

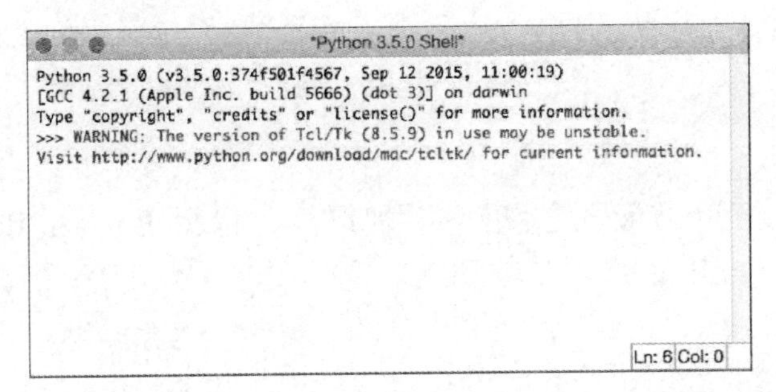

你也可以使用 Spotlight 搜索功能，从 Mac 屏幕右上角的放大镜图标搜索“IDLE”。

Fig　Spotlight 搜索

◆ **逐行运行程序**

只要启动 IDLE，就会同时启动一个交互式 shell。与在控制台启动的交互式 shell 一样，可以逐行运行 Python 程序。

◆ **写入并执行文件**

在 IDLE 菜单栏中，选择 File ＞ New File 命令来创建一个新的窗口，用于编写 Python 程序。可以在这个新文件中写一个 Python 程序，保存后，从菜单栏中选择 Run ＞ Run Module 命令来运行它。

Web 开发环境

在上一节中我们解释了如何在自己的计算机上运行程序，其中有一些服务程序也可以在浏览器（Chrome、Firefox、Internet Explorer 等）上运行，在任何有浏览器的环境下都可以尝试运行。另外，由于它们都是网络服务，哪怕我们在编程的时候已经确认其可以使用，但将来有可能停止服务。

◆ paiza. io

因为有说明，使用方法非常简单易懂。它支持 24 种语言，包括 Python、Ruby 和 PHP。

URL https：//paiza. io

◆ runnable

它的特点是设计简洁，不仅能使用编程语言，还能使用网络应用框架模型（可以更方便地构建应用程序的框架）。

URL http：//code. runnable. com

◆ Python 官方网站

Python 官网还提供了一个简易的运行环境。它比较难找，但如果按下顶部屏幕中间的黄色按钮，等待片刻，就会出现一个运行 Python 程序的画面。与其他网站不同的是，这个网站的运行环境叫作 IPython，是 Python 交互式 shell 的增强版。它可以和交互式 shell 一样使用。

URL https：//www. python. org

Fig Python 官网的终端画面

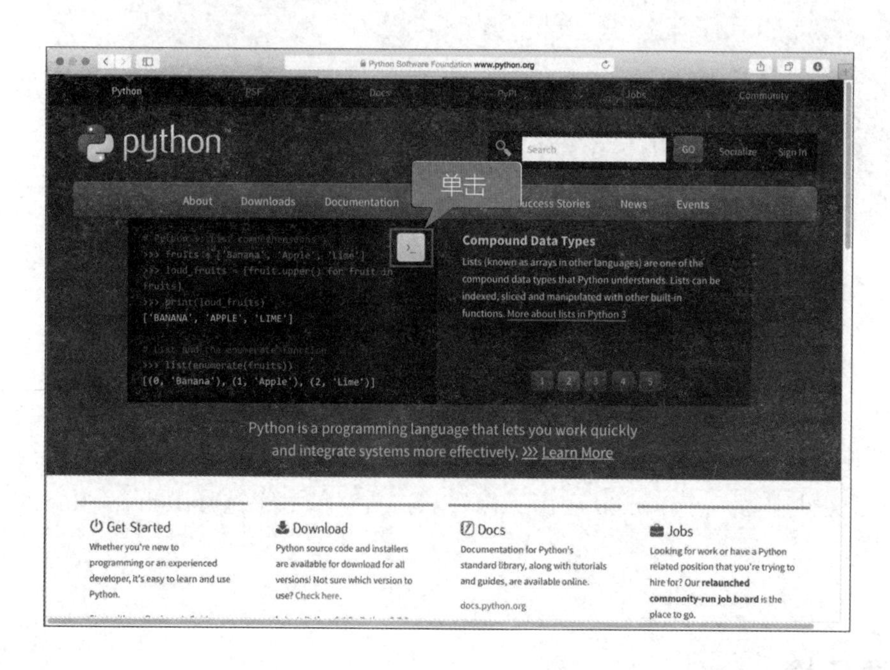

安装 Atom 文本编辑器

Windows 和 Mac 都预装了一个文本编辑器（Windows 的记事本或 Mac 的 TextEdit）来创建文本文件。可以使用它们来创建 Python 程序文件，但根据字符集和文件格式，它们有可能无法正常工作。为此，我们来给大家介绍 Atom 这个简单方便的文本编辑器。

Atom 是由 GitHub 开发的一个编辑器，因为它可以通过安装各种扩展包来进行定制，近年来非常流行。当然，它不仅可以用它来写程序，还可以用来写备忘录。

► Atom

URL https：//atom. io/

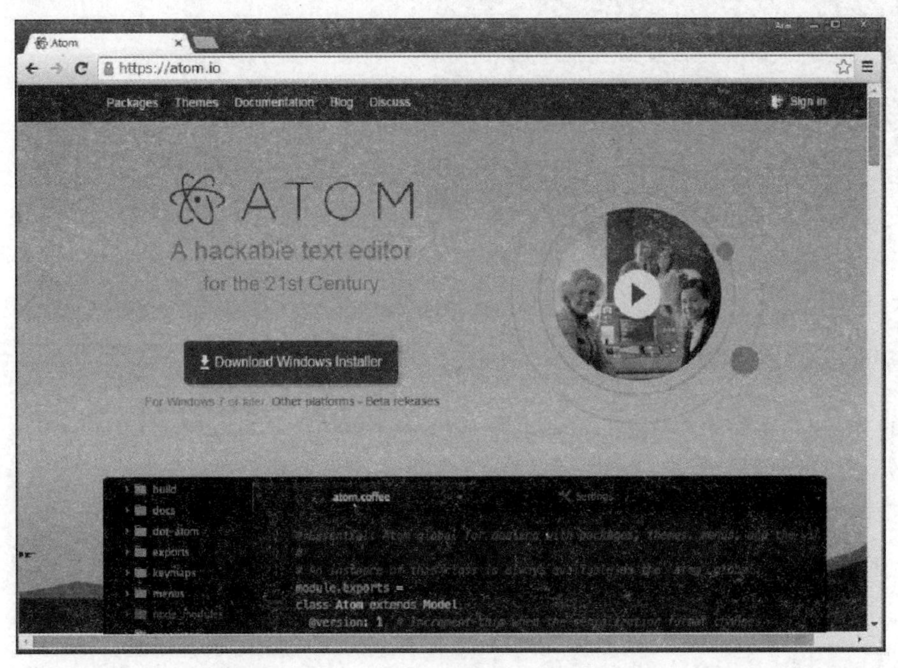

进入上面的链接，单击“Download Windows Installer”按钮即可下载。

* 如果是 Windows 则单击“Download Windows Installer”按钮，如果是 Mac 则单击“Download for Mac”按钮。

◆ Windows 系统中

1. 运行安装程序。此时可能会出现一个安全提示对话框，请点击继续进行。

2. 当安装程序启动时，你会看到一个安装过程的动画。当出现以下画面时，安装就完成了。

◆ Mac 环境下

1 下载文件 atom-mac. zip 后即可解压。

2 将解压后的 Atom. app 移动到 Application 文件夹中并启动它。

Atom 的使用方法（基础篇）

◆ 输入

当打开 Atom 时，你会看到右侧的欢迎指南和顶部的标签。首先，单击“欢迎指南”选项右侧的 X（关闭）按钮，然后在左侧的 untitled 标签下，输入你的 Python 程序。

◆ 文件保存

当把文件保存为 Python 文件时，不要忘记以“. py”结束命名。如果只是想把它作为备忘录，可以使用“. txt”格式。

Atom 的使用方法（应用篇）

Atom 最重要的特点是它的可扩展性。Atom 最大的优势在于它能够融入为全世界程序员开发的方便功能（包）。本文将介绍其中的一个包，即汉化包的使用方法。

◆ 汉化包

在 Windows 中从屏幕顶部的“File”菜单中选择“Settings”，或在 Mac 上从“Atom”菜单中选择“Preferences...”，打开“Setting”。选择页面左侧的“+Install”选项，这时将打开 Install Packages 界面，如下图所示。可以在这个文本框（搜索窗口）中输入“Chinese-menu”来搜索包。找到包并安装后，Atom 的菜单将被翻译成中文。

Fig 汉化包

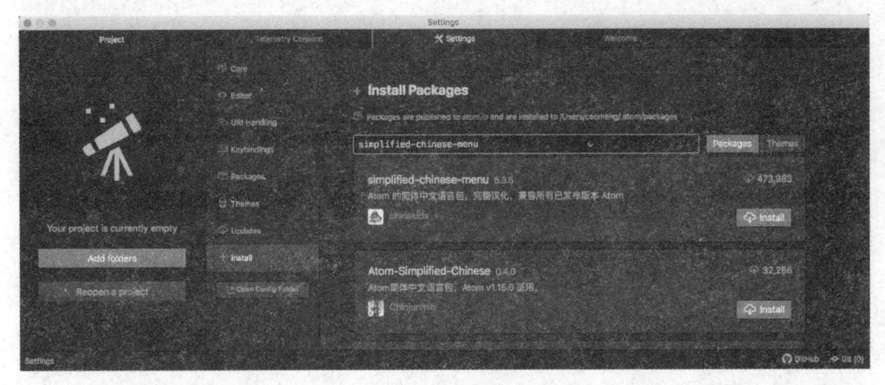

此外，我想向所有 Python 初学者推荐名为“autocomplete-python”的包。可以用安装汉化包“Chinese-menu”同样的方法搜索并安装。安装后，写 Python 程序时可以自动将代码提示补充完整。

Fig 输入提示

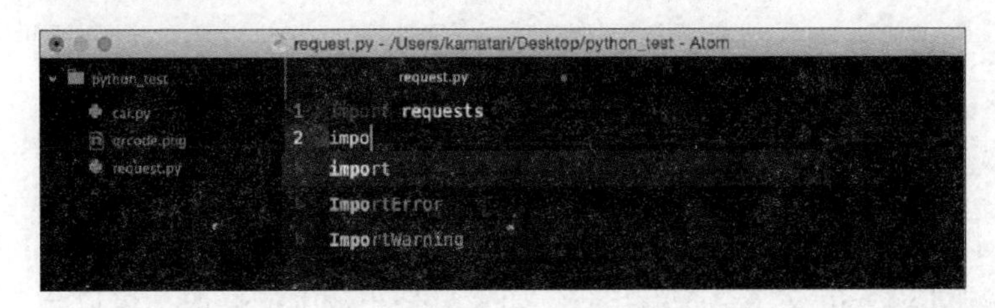

提供更改 Atom 编辑器的外观等其他便捷功能的包还有很多。欢迎大家根据自己的喜好进行定制。

第一个 Python 程序

那么让我们开始试着使用 Python 交互式 shell 编写一个程序吧。在 Windows 计算机上启动命令提示符，或在 Mac 上启动终端。现在我们还没有对程序进行解释，所以可能看起来只是打了一堆英文字母，但请照此输入以下内容，并在每行结束后按 Enter 键。如果没有另行说明，我将在之后所有的编程中使用 Python 3.0 版本。

输入

```
(用户文件名) > python (版本↵ ●————— Mac 的话 python 3 表示)
> > > import calendar ↵
> > > print(calendar.month(2015,5))↵
```

输出

```
                May 2015
Mo   Tu   We   Th   Fr   Sa   Su
                    1    2    3
4    5    6    7    8    9    10
11   12   13   14   15   16   17
18   19   20   21   22   23   24
25   26   27   28   29   30   31
```

注意按照例子那样输入半角空格。

另外，calendar 是一个很容易拼错的单词，打字的时候要小心。

哪怕是最细小的输入错误，都会提示 SyntaxError。错误的地方会用“^”符号标记，请注意。

▶ **最后多了一个括号的情况下**

```
> > >print(calendar.month(2015,5)))
File"<stdin>", line 1
print(calendar.month(2015,5)))
                 ^ ●————— ↑箭头显示的是错误的地方。
```

如果按键盘上的↑键，刚才输入的文字会重新出现。如果只是小范围的修改，可以尝试这个功能。

我们只用了三行，就把日历显示出来了。第一行只是调用了 Python 3 中的交互式 shell，所以程序本身只有两行。

首先我们调用 Python 日历程序的功能，导入日历“import calendar”。

然后在下一行中，我们使用了日历的月功能来显示 2015 年 5 月的日历。也就是说，也可以改变刚才写的程序中的数字，用 calendar. month（20 15，6）来显示 2015 年 6 月的日历，或者用 calendar. month（20 14，7）来显示 2014 年 7 月的日历。

◆ **重置控制台**

在控制台画面中，只需输入文字即可操作程序。因此，在大多数情况下，你常用的键，如 Ctrl + C（复制）和 Ctrl + V（粘贴）都不能使用。如果交互式 shell 出错，或者你看到了奇怪的输出显示，可以按 Ctrl + C 键中断当前进程，重置交互式 shell。

本书的阅读和使用方法

本书要点

◆ **控制台**

在本书中，我们将主要使用控制台（命令提示符·终端）来运行 Python 程序。

顶部带有粉色小蛇的栏表示控制台。本书采用的是在实践操作中逐渐熟悉掌握知识的方法，所以请确保自己不仅阅读和理解了这部分内容，并且能真正运行并查看代码结果。栏中需要输入的程序显示为粉色，正在运行中的程序显示为灰色，这部分不必每次都运行。

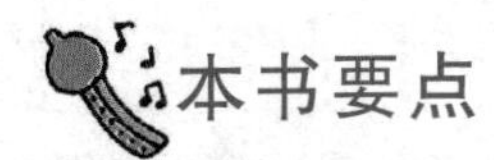


```
>>>import tkinter as tk↵
>>>base = tk.Tk()↵
>>>radio_value = tk.IntVar()↵
```

行首有>>>符号时表示交互式 shell 正在运行，否则为非运行状态。

在控制台中运行 Python 的情况下，每输入一句 Python 程序后按回车键执行。本书中，我们用↵标记代表回车。首先需要注意的是，在程序较长的情况下，由于屏幕空间限制，不可避免地要使用 Enter 键换行。但如果我们在改行的时候按到了 Enter 键，程序就会在中途运行。在长代码的改行中，末尾不会出现回车标记。请记住仅在有粉色回车标记的地方使用 Enter 键。

◆ **伪代码**

以下部分的 Python 程序为伪代码。

```
for count in range(3):
```

这里展示的是用于解释编程思路的伪代码。它并不是你想的那种可以直接运行的程序代码，如果你对它感兴趣，或许可以试着运行一下。但是结果可能就不会如你所愿了。

◆ 文本

作为在控制台中逐行运行程序的替代方法，可以将你的 Python 程序写在一个文本文件中并运行整个文件。

Text　get_weather1.py

```
get_weather1.py
import requests
api_url = 'http://weather.livedoor.com/forecast/webservice/json/v1';
payload = {"city":"130010"}
weather_data = requests.get(api_url, params = payload).json()
print(weather_data['forecasts'][0]['dateLabel'] + '的好天气、' + weather_
      data['forecasts'][0]['telop'])
```

带有小蛇的上面这一栏代表一个文本文件。请打开编辑器写下文本并保存。右上方的 get_weather1.py 是文件名。

◆ 格式化

Python 的语法被归纳为“格式化”，它就像数学中的“公式”。

格式化

```
类名: class
tab  定义变量
tab  定义函数
```

Python 文件的操作方法（Windows）

在本书中，我们将通过重命名一个新的文本文件的扩展名来创建一个 Python 文件。扩展名是文件末尾的字符，即 .（点）后面的文字。系统使用扩展名来确定文件的类型。在 Python 中，我们以 .py 扩展名保存文本文件。这样计算机就会把它识别为 Python 文件了。

Fig　Python 文件

如果你的计算机不显示文件扩展名，请按以下步骤进行设置。

1. Windows 键 + 回车键打开资源管理器（窗口）。

2. 按 Alt 键打开菜单。

3. 从菜单栏中选择【工具】 > 【文件夹选项】命令。

Fig 选择【工具】中的【文件夹选项】命令。

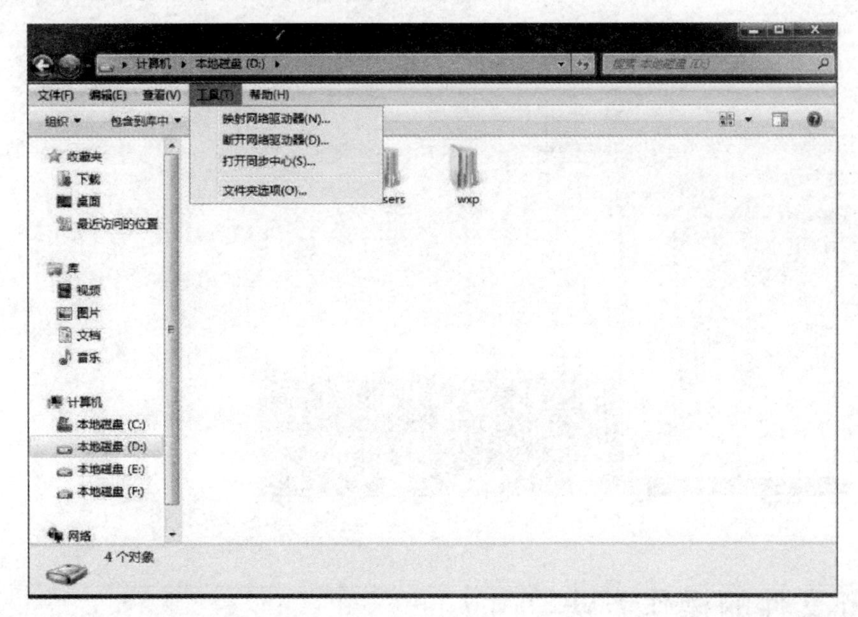

4. 单击“文件夹选项”中的“查看”选项卡。在“高级”菜单的底部，找到“隐藏已知文件类型的扩展名”，并取消勾选。

Fig 取消勾选“隐藏已知文件类型的扩展名”。

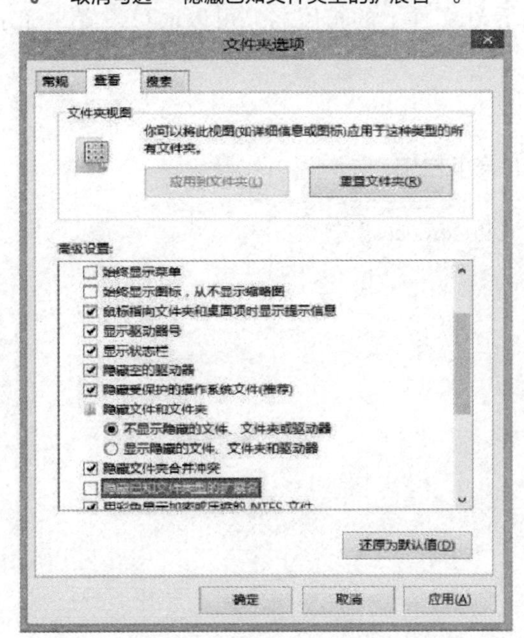

一般双击打开文本文件，但是如果它是一个 Python 文件，你双击它，它就会作为一个 Python 文件运行。所以，当你想对文件内容进行编辑的时候，使用鼠标右键单击文件，从菜单中选择“打开方式”。这时你会看到一个菜单，提示选择自己喜欢的编辑器。

Fig 单击鼠标右键选中一个程序

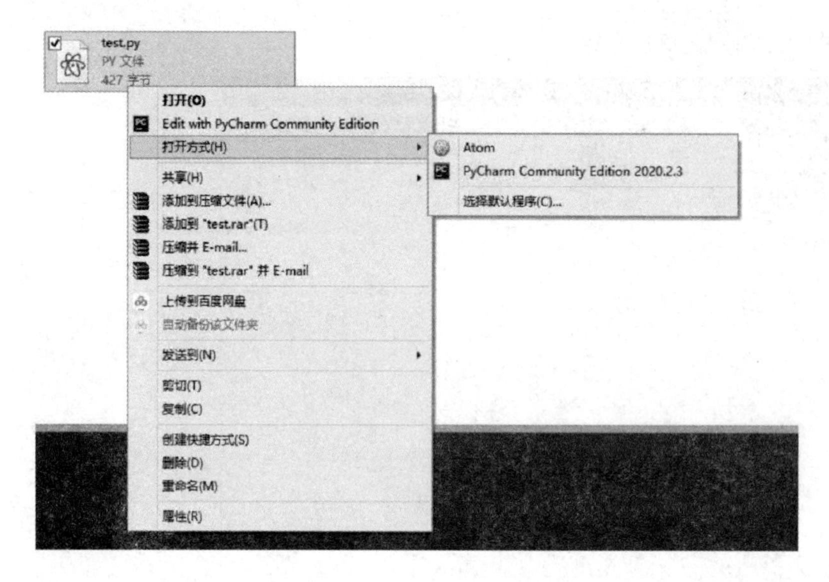

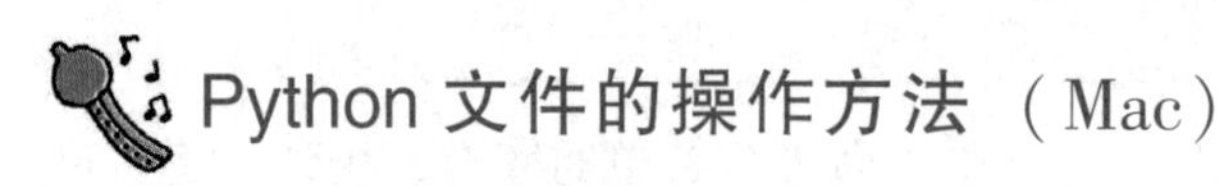

Python 文件的操作方法（Mac）

如果尝试使用 Mac 的标准文本编辑器创建 Python 文件，可能会遇到文件格式问题。在本书中，推荐使用 GitHub 开发的编辑器 Atom。

Python 文件的扩展名为 . py。如果没有看到文件上的扩展名，可以通过设置来显示扩展名。

1. 单击桌面，确保 Finder 显示在左上角的菜单栏中。
2. 单击左上角菜单栏的“Finder”，选择“Preferences”。

3 单击“详细信息”并选择“显示所有文件扩展名”。

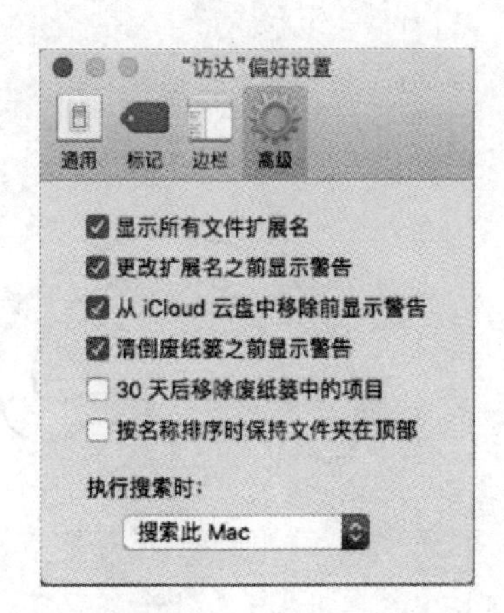

Python 的编码标准——“PEP8”。

不仅仅是 Python，每种编程语言都有自己的一套规则，称为编码标准。编码标准是一套规则，当你写一门编程语言时，应该按照这样写。虽然它们并不是强制性的，但当多人按照一种编码标准开发程序时，整个程序就会统一起来，便于阅读。通常公司都有自己的编码标准。

PEP 是 Python Enhancement Proposals 的缩写，翻译过来就是“Python 增强建议书”。在 Python 中，大多数编码标准都在 PEP8 文件中阐明。

第 2 章　开始 Python 编程

布置好环境后，前期的准备工作也就完成了。 接下来我们将开始编写程序。 从“编程是什么”出发，通过编写 5 行以内的代码，学习一些简单的计算和数据类型，来巩固你对 Python 的基础知识吧。

在第 1 章中，我们带大家了解了 Python 的概述、配置，以及如何使用简单的编程来显示日历。在了解 Python 编程的细枝末节之前，先介绍一下编程到底是怎么一回事。

编程是什么

我们在日常交流中，通常会用自己的母语进行询问或求助。

Fig 拜托别人把蛇变出来

另一方面，如果要求计算机为我们做一些事情，即使用母语问，计算机也无法理解。所以必须使用计算机能够理解的语言。而计算机能够理解的语言我们称它为“编程语言”。

Fig 要求计算机把蛇变出来的时候

下面是人所说的语言和编程语言之间的关系表。

Table 人的语言和编程语言

与人交流	与计算机交流
语言	编程语言
写文章	编程
文章	程序

就像有日语、英语、汉语等不同的语言一样，编程语言也有不同的种类，如 Java、PHP、Python 等。

编程时需要注意的事项

当提到编程语言时，有一点很重要，那就是计算机所理解的编程语言比起我们习惯的汉语或英语有一套更严格的规则。

◆ **关于标点符号的使用**

例如，括号是我们写作中的标点符号之一。括号里又有小括号（ ）和方括号［ ］。一般情况下，即使我们没有意识到括号的差别，也可以使用它们。请看下面的例子。

Fig 括号内的单词用逗号隔开。

```
['苹果' , '橘子' , '柠檬']
```

```
{'苹果' , '橘子' , '柠檬'}
```

[ ] 括号和 { } 括号内都分别隔开了三种水果。在这两种情况下，我们得到的信息都是一样的：三个单词在括号中间被隔开了。然而，编程语言将这两种数据识别为完全不同的东西。根据所使用的括号类型，编程语言将把它们识别为不同类型的数据，它们将具有不同的功能。除了括号外，;（分号）和：（冒号）之间的区别，以及逗号的数量也会导致程序出错。如果程序出现了问题，可以检查一下这些符号是否正确。

本例中所示的两种写法的区别在第 2.5 节中有详细的说明，所以请记住，这么小的区别在程序中会有很大的不同。

◆ **关于空格的使用方法**

程序中严谨的并不仅仅是标点符号部分。特别是在 Python 中，知道如何在程序中放置空格也很重要。请看下面的例子。

▶ **程序例 1**

```
>>>def happy():
...     print('life')
```

▶ **程序例 2**

```
>>>def happy():
... print('life')
```

这里列出了两个 Python 程序的例子。你能看出他们之间的区别在哪里吗？

答案很简单，就是左边有没有空格。乍看之下，似乎是一个微不足道的区别，但上面的程序可以正常运行，而下面的程序却因为错误而无法运行。这是 Python 的一个特点，但为了使程序“可读性”更强，这些空格的书写规范必须严格执行。这类似于我们在学校写一篇作文，老师要求我们在段首留一个方格那样。程序中行首的空格称为缩进。

顺便说一下，对其他一些编程语言缩进可能并不是必需的。但缩进经常被认为是写出一个易读易懂的程序的必要条件。重要的是要记住，如果 Python 是你的老师，除非在段落的开头有一个整齐的空格，否则它不会接受你的作文。不过不用担心，我们将在接下来的几段中讨论如何在 Python 中缩进和在哪里放置空格。

进行完了一系列准备说明后，现在让我们通过实际编写 Python 程序来进行学习吧！

选择哪种编程语言

先学哪种语言最好？这几乎是每年都会出现的热门话题。因为一门编程语言涉及的方面很多，我们很难说：“这门语言一定是初学者的首选！”。正如我们在本书开头提到的那样，Python 是学习编程语言的一个很好的开始，因为它清晰明了，但还有很多其他语言也是可以适合初学者使用的。

如果你从一开始就知道想建立什么或者想做什么，可以把语言选择的范围缩小到几种。如果你想创建一个 Web 应用程序，那么 Python、PHP 或 Ruby 是适合的语言。对于统计分析，Python 和 R 是最流行的语言。另一方面，如果你心中没有特定的目标，但又想开始学习编程，不妨先用 Python 等简单易懂的语言开始学习一些常见的编程知识和概念。虽然不同语言的语法有所不同，但“循环”“条件判断”等概念是共同的。如果你已经熟悉了一门编程语言，当有了想实现的程序或想展开的新项目时，会比从头开始更容易上手，即使它不是你最初学的语言。

2.2 用 Python 进行计算——算术运算符

当在家记账，或在工作中计算工时时，我们需要做一些快速计算。虽然一般我们会使用计算器，但现在开始可以利用 Python 来进行这些计算。

首先来启动交互式 shell。在 Window 中启动命令提示符或在 Mac 中启动终端，并输入“python（或者“python 3”）”。

启动交互式 shell 后，就可以学习编程中的计算公式了。

加法、减法运算

加减算法可以分别通过“ + ”“ - ”来实现。这个时候空格和 =（等号）都不需要。输入 A + B 后只需要按回车键就可以了。另外，接下来我们将用这个粉色符号表示回车键，看到↵的时候请按回车键。

console

```
>>>1129 + 2344↵
3473
```

接下来选几个自己喜欢的数字计算一下试试看吧。应该会得到正确的答案。

console

```
>>>1129 + 2344↵
3473
>>>3473 + 376↵
3849
>>>400 - 330↵
70
```

乘法、除法运算

和加减法运算一样，我们也可以进行乘法和除法的运算。需要注意的是，乘法要用＊代替×，除法要用/代替÷。

console

```
>>>2800 * 1.08↵
3024.0
>>>1920 / 12↵
160.0
```

运算优先级

我们已经研究了加法、减法、乘法和除法。这四种运算统称为四则运算。接下来，把这四种算术运算混合在一起试一试。

console

```
>>>(40 + 50) * 3 - 50 220↵
>>>40 + 50 * 3 - 50↵
140
```

可以看到，如果有()，那么()里面的优先，否则乘法优先。这里很好地给我们解释了四则运算的优先级。

求余运算

除了上述四种算术运算外，Python 还为我们准备了用于其他运算的运算符。这就是求余（求出除法的余数部分）。求余运算可以用% 号来表示。

Console

```
>>>255 % 3 0↵
>>>255 % 7 3↵
```

就像这样，当 255 除以 3 时，由于可以整除得到 85，所以余数为 0。再比如，当 255 除以 7 时，因为商是 36 和余数是 3，所以求余运算的结果是 3。

◆ 求余是为了什么？

这个求余运算的用途是什么呢？当我第一次知道它的时候，不清楚它是用来干什么的。不过在以后编程的过程中，应该会遇到使用它的情况，求余运算通常用于判定一个数字是偶数还是奇数。具体方法是，对于想要判定的数字，先除以 2 进行求余，如果余数为 0，则判断为偶数，如果余数为 1，则判断为奇数。

Fig　用求余判断奇偶

除以二，余……	余“0”为偶 ➡ 2，4，6，8，10，…
	余“1”为奇 ➡ 1，3，5，7，9，…

再举一个例子，比如想要将学生分为 4 组的时候，将他们的学号除以 4，余数会是 0、1、2、3 中的任意一个。我们可以利用这个特点把余数相同的人放到同一组。虽然可能不会立即用到这个方法，但如果把它记在心里，也许有一天就能派上用场。

幂运算

幂运算是同一个数的重复乘法运算，表达为某个数的幂。例如，2 的 2 次幂是 4，3 的 4 次幂是 81。这个运算用＊＊来表示。

```
>>>2 ** 3 8↵
>>>5 ** 4↵
625
```

上面的计算相当于2乘上三次（2×2×2），下面的计算相当于5乘上4次（5×5×5×5）。

复数

Python也能够进行复数运算，像整数一样通过算术运算符进行。如果对“复数”这个概念没有印象，只要记住Python可以做复数运算即可。

非实数部分的复数叫作虚数。在数学中，虚数单位用“i”表示，但在Python中，它用“j”或“J”表示。我们也可以证实，前例中1j的平方是-1。注意，虚数单位j的系数是1，但我们也不能省略这个，需要将它设为1j。

```
>>>(4 + 5j) - (3 - 4j)↵
(1+9j)
>>>1J ** 2 (↵
-1+0j)
```

在前面的例子中，我们只是单纯使用数字和符号来进行计算。但这并不是我们在Python中唯一能做的计算。你也可以使用标准库（Python的扩展程序）来执行高级计算，如三角函数、指数函数和对数函数等。

总结

下表显示了Python中使用的算术运算符。

Table　算术运算符

算术运算符	使用方法	意　义
+	1 + 1	加法运算
-	2 - 2	减法运算
*	3 * 3	乘法运算
/	4 / 4	除法运算
%	5 % 3	求余运算
**	6 ** 2	幂运算（一个数字反复相乘）

Python 2 和 Python 3 除法的差异

Python 2 和 Python 3 的区别之一就是除法计算的结果不同。如果我们把除法示例中所示的“192 0 除以 12”的计算在 Python 2 中运行，将得到以下结果。

▶ Python 2

```
>>>1920 / 12↵
160
```

你注意到区别了吗？在 Python 2 中，整数（不是分数或小数的数）之间的除法结果小数点以后不显示。对于以下不能整除的数字也是这样。

▶ Python 2

```
>>>1931/12↵
160
```

如果你正在使用 Python 2，并且想象在 Python 3 中一样，在结果上表示出小数点后的内容，那么需要在计算的数字上加一个小数点。如果数字是 1931，我们要将它写成 1931.0。

▶ Python 2

```
>>>1931.0/12↵
160.91666666666666
```

另一方面，如果在 Python 3 里想得到 Python 2 这样四舍五入后的整数结果，可以把除号/写成//。

▶ Python 3

```
>>>1931//12 160↵
49
```

2.3 数据的快捷处理——变量

接下来我们将对变量进行说明。变量是允许你在一定时间内保存数字、字符等功能。我们可以把它比作手机的通信录。然而，我们很难将自己一直使用的通信录与编程术语联系起来。那么从现在开始，让我们试着想象它们彼此是相似的。

变量是什么

我们通常不会把朋友和同事的手机号码全部记住。常见的做法是在手机通信录中存储一组姓名和电话号码，然后按姓名查找，需要时再拨打出现的号码。换句话说，我们把“电话号码这个数据，用名字作为标签保存了起来”。

Fig 通讯录

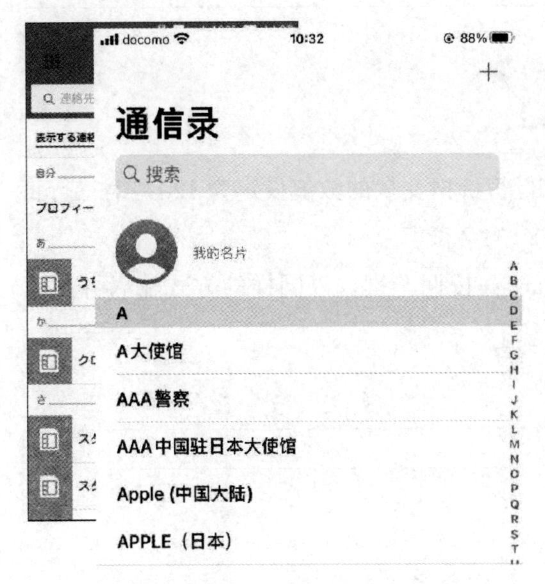

变量的原理与通信录类似。首先，要准备好数值、字符串或其他想在程序中使用的数据，然后给它们贴上标签。我们用这些标签来调用数据。

在还不熟悉编程的时候，变量的概念理解起来或许会有些难度，但不用担心，在使用的过程中，一定会逐渐理解它。

含有变量的程序

到本章为止，我们一直在使用 Python 的功能来进行各种计算。现在将学习如何使用新的“变量”功能编写一个真正的程序。为了在程序中设置一个变量，我们会在变量和它的值之间写上 =（等于），如下图所示[1]。

格式

```
变量 = 值
```

这就是所谓的“设定”一个变量的值[2]。在之前我们举的手机通信录的例子中，将电话号码贴上名字标签的动作用 = 表示。

在算术中，可能已经用过 = 作为一个符号来表示左边的表达式等于右边的值，比如 1+1=2。但是在 Python 中，我们用它作为一个操作符来给变量赋值。接下来通过实际运行一个交互式 shell 边写边理解这个概念。

---

[1] 等号前后不需要空格。

[2] 有时叫“代入”。

console

```
>>>tax = 0.08 >>>↵
price = 120 ↵
>>>suzuki_telephone = '090-1234-5678'↵
```

第一行将税收变量的数值设定为0。第二行将价格变量的数值设定为120，第三行将变量 suzuki_telephone 设置为'090 - 1234 - 5678'的字符串。

接下来，确认变量是否设置成功。输入 tax 并按回车键。以同样的方式输入并执行 price，suzuki_telephone。

console

```
>>>tax = 0.08 ↵
>>>price = 120 ↵
>>>suzuki_telephone = '090-1234-5678'↵
>>>tax ↵
0.08
>>>price ↵
120
>>>suzuki_telephone ↵
'090-1234-5678'
>>>
```

输入“tax”“price”和“suzuki_telephone”，按回车键，变量中存储的数值和字符串的数据就会显示出来。这样我们可以确认数据已经存储在变量中了。接下来，试着用这些变量进行乘法运算。

console

```
>>>price * tax ↵
9.6
>>>120 * 0.08 ↵
9.6
```

可以看到，利用变量计算的结果和实际对数值进行计算的结果是一致的。

有的人可能会想：“不用变量不是也可以进行计算吗。”使用变量的作用和好处主要有以下两点。

首先，如通信录示例所示，将复杂没有规律的数据（电话号码）用 suzuki_ telephone 等简单易懂的字符代替，这样就可以直接调用了。

其次是给数据一个变量名的同时，也为数据赋予了意义。比如在上述例子中，我们给数值为0.08 的变量设定了一个叫“tax”的名字。因为“tax”在英文中是税金的意思，所以当我们看到一个用“tax”乘上另一个数字的算式时（如果知道了英文“tax”的意思），就可以想象，这个定价乘以消费税率就可以得到税额。当然，即使没有变量，只要数值没错，都可以得到正确的计算结果，但除非我们是很敏锐的人，否则很难只看 0.08 就知道这个数字代表的是税率。

变量的命名

变量基本上可以自由命名，但并不是任何字符都可以用来作为变量名。变量的命名有以下几个规则。

▶ 开头不可以使用数字。

▶ 不可以使用关键字。

首先，我们来实际操作确认一下，不能用数字来表示第一个字符。

console

```
>>>value = 100 ↵
>>>_value = 300 ↵
>>>2value = 500 ↵
  File"<stdin>", line 1
    2value = 500
         ^
SyntaxError: invalid syntax
```

value 和_value 这两个变量名没有任何问题。然而，当我们输入一个变量，变量名以数字 2 为前缀时，得到了错误提示 SyntaxError：invalid syntax。中文意思是无效的语法错误。语法是 Python 的文法（或规则）。与此同时，我们还可以了解到，变量名的第一个字符如果是英文字母或_（下画线）是没问题的。

接下来说说“不可以使用关键字”的规则。关键字是在 Python 中定义的字符串。更具体地说，是 Python 中一开始就已经被设定好用法的字符串。或许你还没有预设功能这种概念，它的意思是“关键字功能是由创建 Python 的人分配的”。⊖

让我们尝试使用关键字 final 和 global，看看如果将它们用作变量会发生什么。

console

```
>>>finally = 888 ↵
    File"<stdin>", line 1
      finally = 888
          ^
SyntaxError: invalid syntax
```

console

```
>>>global = 127 ↵
  File"<stdin>", line 1
    global = 127
        ^
SyntaxError: invalid syntax
```

* 关键字的数量取决于 Python 的版本。

与未遵守第一条规则时一样，我们得到了错误提示 SyntaxError：invalid syntax，无效的语法错误。

如果不清楚都有哪些关键字的话，就无法遵守语法规则。在 Python 中有提示关键字的功能。

console

```
>>>import keyword ↵
>>>keyword.kwlist ↵
```

第 1 行是指导入一个名为“keyword”的函数，第 2 行是指从 keyword 这个函数中显示 kwlist（关键字列表）。

在交互式 shell 中输入这两行代码后，你会看到一个关键字的列表。不必把 33 个关键字全部记住，只需要记住有些变量名是不能使用的即可。

Table 关键字

False	None	True	and	as	assert	break
class	continue	def	del	elif	else	except
finally	for	from	global	if	import	in
is	lambda	nonlocal	not	or	pass	raise
return	try	while	with	yield		

从上述规则来看，变量名基本上就是一个代表变量意义的英文单词。如果变量表示苹

果的价格，那么用 apple_price 命名就很合适，因为当其他人看你的程序时，他们会很快明白变量创建的目的。

总结

我们对变量进行了一些说明。因为现在只进行了单纯的计算，仅仅领略到了变量在数值替换方面的魅力。接下来将会认识一些新的功能，挑战一些复杂的事情，到时可以通过使用变量来进行高效编程。

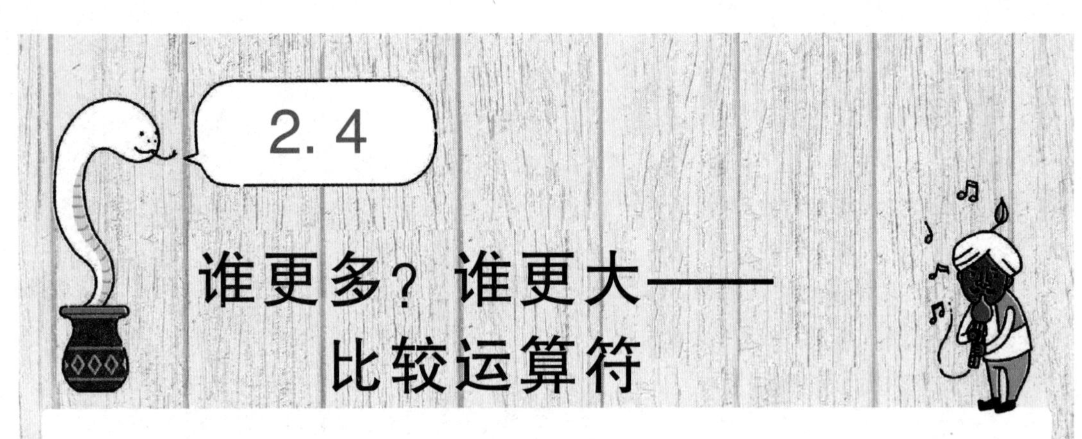

程序具有比较数据的功能。让我们试着在程序中使用数学里所说的不等号，也就是大于号“ > ”和小于号“ < ”来做判断吧。

比较运算符

比较运算符，顾名思义，就是用于比较的运算符。说到比较，生活中有各种各样的比较，比如“哪个比较好”“你更喜欢哪个”等，但在编程里是数值之间的比较，比如“哪个数字更大”。

尝试使用比较运算符

现在就让我们启动交互式 shell 来看看这个功能吧。输入 34 > 22，然后运行它。

```
>>>34 > 22↵
True
```

将 34 和 22 用大于号 > 进行比较，得到 True，即 34 > 22 为真（正确）。接下来，让我们尝试改变不等号的方向。

```
>>>34 < 22↵
False
```

显示为“False”。这一次，34 < 22 为 False，也就是说是假的。这样一来，程序就把正确当作 True，把错误当作 False。除大于（ > ）和小于（ < ）的比较运算符外，其他比较运算符如下表所示。

Table 比较运算符总结

比较运算符	范　例	意　义
>	x > y	x 大于 y
>=	x >= y	x 大于等于 y
<	x < y	x 小于 y
<=	x <= y	x 小于等于 y
==	x == y	x 等于 y
!=	x != y	x 不等于 y

尤其要注意比较平等的比较运算符“==”。它经常与 2.3 节中解释的用于设定变量的 = 相混淆，在习惯之前要注意这点。

让我们继续尝试运用 = 和 == 吧。

```
>>>apple = 15↵        设定变量
>>>apple == 15↵       比较 15 和变量 apple
True
```

第一行将变量苹果设为数字 15，第二行写了一个公式，判断变量苹果是否等于数字 15，结果为 True（正确）。

True 和 False 称为逻辑型或 bool 型变量。逻辑型会在下面的 2.5 节中进行解释。

总结

在本节我们已经简单了解了比较运算符。你可能会想，比较如此明显的数字大小有什么意义？然而，这个比较运算符与我们将在第 3 章讨论的条件分支有千丝万缕的联系。如果在本节有什么疑问，请仔细阅读，弄清楚疑惑后，再继续进行学习。

2.5 使用 Python 处理的各种数据——数据类型

数据是指世界上存在的各种信息，包括汉语和英语的文字，以及物体的长度和数量等数值。Python 程序也会处理这样的数据。

为了正确、方便地处理数据，数据类型的概念被引入。数据类型有很多，我们在这里要介绍其中 6 种最重要的类型。首先来解释数值类型和字符串类型。在分开说明它们的必要性之后，再来解释剩下的四种类型：布尔类型、列表类型、字典类型和集合类型。

数据类型是什么

要在 Python 中处理数据，我们需要了解数据类型。在此将依次解释为什么数据类型是必需的。我们先通过一个比喻来感受一下什么是数据类型。

这是什么种类的蘑菇？

我们在爬山的时候，发现了一个像蘑菇的东西。

但是因为没有带蘑菇图鉴，所以没办法知道这个蘑菇是可以吃的，药用的，还是有毒的。因为不能确定这些事情，我们只好放任它在这里，继续往山顶前行。

这个例子告诉我们，虽然知道它是蘑菇，可是因为不了解这种蘑菇的特征，什么都做不了。接下来我们把蘑菇当作数据，把它可否食用等特征作为数据类型来进行示范。

这意味着，当你把数据给一个程序时，如果程序不知道它的种类，那么程序就不知道该如何处理这些数据。光是蘑菇的例子可能让人难以理解，所以我们在下一节进行一个更详细的解释。在了解了数字和字符串这两种数据类型之后，再来回顾一下数据类型的概念，如果你现在还不明白，也不用担心。

数值类型

数值类型是用来告诉程序一个数字，如1、2或10这样的数字。难道不是所有的数字都是数值类型的吗？你可能会这么想，但在编程中，你也会有想把数字以字符串的形式传递给程序的时候。数值类型是一种用于对其他数值类型变量进行加减、计数和计算等操作的数据类型。数值类型又分为三种：整数、浮点数（小数）和复数。整数称为int，浮点数（小数）称为float，复数称为complex。

◆ **整数**

整数就是直接把一个数字写入程序中，并被识别为整数int。在下面的程序中，34，56，以及加法计算产生的90都是数值类型的整数。被设定为整数55的变量“number”，在程序中作为数值类型进行调用。

```
>>>34 + 56↵
90
>>>number = 55↵
```

◆ **浮点数**（小数）

如果你对“浮点数”这个词不熟悉，就暂时记住它和“小数”是一个意思。一个包含小数点的数字，例如3.5，在Python中被当作浮点数处理。例如，在下面的程序中，作为浮点数处理的数字分别有 3.4，加法的结果是 8.4，5 除以 2 的结果是 2.5。

```
>>>5 + 3.4↵
8.4
>>>5 / 2↵
2.5
```

◆ **复数**

在 Python 中表示复数时，一定要用“j”或“J”来表达虚部，即使虚部的系数为 1，也要注意不能省略。同一个数值类型的整数和小数可以进行计算。在下面的例子中，变量 complex 的类型，被设定为复数。

```
>>>complex = 5 + 5j↵
>>>complex + (3 + 1j)↵
(8 +6j)
```

字符串类型

字面上，字符串类型是一种“将数据当作字符串的数据类型”。我们可以通过用单引号（'）或双引号（"）来告诉程序将一个数据当作字符串类型处理。例如，当我们将变量“message”设定为字符串“Congratulations!"，则变量“message ”就是字符串型。

```
>>>'happy birthday!! '↵
'happy birthday!! '
>>>message = “Congratulations!”
```

另外，使用三个单引号或三个双引号，可以显示多行字符。显示中的“\n”表示换行（换行代码）。

console

```
>>>'''
...Sunday
... Monday
...Tuesday
... '''
'\nSunday\nMonday\nTuesday\n'
```

字符串类型和算术运算符

对于数值类型，可以使用算术运算符 + 、 - 、 * 和/来执行数值计算。但它与算术有些不同，实际上也可以用 + 和 * 在字符串类型中进行字符串操作。

◆ 使用 + ，进行字符串操作

字符串类型可以使用算术运算符 + 与其他字符串进行连接。我们试着用单引号标起 ' thunder '，并用同样的方法标起 ' bolt '，然后将这两个字符串相加。

console

```
>>>'thunder' + 'bolt'↵
'thunderbolt'
```

这两个字符串被连接了起来，成为一个字符串 thunderbolt。

需要注意的是，使用 + 连接字符串类型的程序只能连接两个同样的字符串类型。如果尝试用 + 连接字符串类型和数值类型，就会出现错误，如下例所示。

console

```
>>>'thunder' + 100 ↵
Traceback (most recent call last):
  File"<stdin>", line 1, in <module>
  TypeError: Can't convert 'int' object to str implicitly
```

◆ 使用 * ，进行字符串操作

进行数字计算时使用的 * ，是乘法运算符。对于字符串类型，可以使它乘上一个数字，那么字符串就会被操作和数字同样多次。如果把字符串类型 "hunter" 乘以 2，会得到以下结果。

console

```
>>>'hunter' * 2 ↵
'hunterhunter'
```

hunter 这个词重复了两次，就形成了字符串 hunterhunter。可以尝试将任何字符串乘以任何数字。但是需要注意这个带 * 符号的乘法，因为除非它的执行对象是字符串类型和数值类型的组合，否则字符串不会重复，而会出现报错。

```
>>>'dragon' * 'head'↵
Traceback (most recent call last):
  File"<stdin>", line 1, in <module>
  TypeError: can't multiply sequence by non-int of type 'str'
```

事实上，一个字符串类型只能与一个数值类型相乘的说法，可能比字符串类型与数值类型不能相结合的说法更容易让我们理解报错的原因。无论是对于一个程序来说，还是对于写程序的人来说，都很难理解“dragon”乘以“head”会发生什么。

◆ **为什么要区分数值类型和字符串类型？**

在一开始学习数值类型的时候，我们说过数字并不是仅可作为数值类型，也可以当作字符串类型来使用。下面来举一个具体的例子。对电话号码来说，是设定为数值类型合适？还是字符串类型合适？

答案是字符串类型。原因是我们并不需要对电话号码中的数字进行加减法运算。如果我们告诉程序一个电话号码是一个数值类型，那么当使用连接字符串的 + 符号的时候，电话号码的数字会被执行加法计算，系统出错。同样，地址中的数字 5，例如 5 丁目的 5，也应该告诉程序这是一个字符串类型。除非需要用地址中的数字来进行计算的某些场合，在现实中我们不会想着用 5 丁目加 1 找到别人的地址。○丁目中的“○”只是一个方便区分的数字，数字本身意义不大。

换句话说，你需要告诉程序什么时候要把一个数字当作字符串使用，或者什么时候要把它当作一个数字来处理，这样程序就不会对这个数字处理不当（或者因为不知道如何处理而出错)。如果程序员将数据类型准确地传达给了 Python，那么就可以发挥 Python 的优势活用一些便利的功能。之所以把数据类型区分开，可以说是为了让我们能使用上这些便利的功能。让我们来看看字符串类型的一些有用的特性吧。

◆ **有用的字符串类型特性**

有一个叫作 upper( ) 的功能，可以将所有的字符串数据转换为大写字母。

console

```
>>>text = 'hello'↵
>>>text.upper()↵
'HELLO'
```

第一行将小写的字符 hello 设置为一个名为 text 的变量，作为字符串类型。在第二行中，变量文本后面有一个点。在变量 text 后面，写上 upper( )。然后，变量文本中的字符串类型数据 hello 在第 3 行以全部大写字母显示。另一方面，如果你想让它全部变成小写，可以使用 lower( )。

另一个功能叫作 count( )，它可以计算一个字符串中指定字符的数量。在 count( ) 中，把要计算的字符放在( )里。让我们写一个程序来计算一个字符串中的字符数。

console

```
>>>word = 'maintenance'↵
>>>word.count('n')↵
3
```

第一行，把字符串 maintenance 放到了变量 word 中，第二行，word 后面加（点）. 连接 count （'n'）。因为我们在括号( )里面放了'n'，所以现在可以计算字符串中'n'的数量。在这里，我们数了数 maintenance 一词中'n'的个数，结果显示有三个。

我们将这些数据类型所带有的功能称为方法。关于方法后面再讲。

布尔类型

布尔类型听起来似乎有些难度。虽然同样是数据类型，但它与我们前面学习的数值类型和字符串类型有些不同。布尔类型只有两种：True 和 False。即我们在第 2.4 节中学习到了 True · False。真（判断正确）为 True，假（判断错误）为 False。这种布尔类型有时被称为 bool 类型。很多人可能从来没有听说过，所以请大家暂时记住。

使用布尔类型时要注意，因为必须将 True 和 False 的第一个字母大写。如果首字母小写，程序不会将其识别为布尔类型。

console

```
>>>46 < 49↵
True
>>>46 > 49↵
False
```

列表类型

列表类型与上述数据类型略有不同。使用列表类型的方法，可以将多个数据组成一个列表。当我们真正开始编写程序时，会涉及大量的数据处理，到时候你会发现数据被整理在一起是多么方便。使用列表类型时，可使用以下格式。用逗号“,”分隔要归总的数据，并将它们放在大括号 [ ] 中。

Fig 数值类型和字符串类型合二为一

```
[57, 'banana', 'apple']
```

数值型　字符串类型

使用列表类型定义的列表可以像其他数据类型一样当作变量处理。

```
>>>Agroup = ['kazu', 'gorou']↵
>>>Bgroup = ['syun', 'haruka']↵
```

除了能够对数字和字符串进行分组外，列表类型还提供了许多其他有用的功能。这里将会介绍一些功能，但你也不必全部记住。这和其他工具一样，只需要知道能用它们做什么，当你再次需要它们时再来找就可以了。

◆ 向列表中添加元素

本节介绍如何将数据添加到列表（列表类型的变量）中。

加入或离开组

我们以一个叫 Agroup 的小组为例，这个小组一开始由两个成员组成，分别是 kazu 和 gorou。让我们在其中增加一位新成员 dai 构成一个三人组。

console

```
>>>Agroup = ['kazu', 'gorou']↵
>>>Agroup.append('dai')↵
>>>Agroup↵
['kazu', 'gorou', 'dai']
```

在第一行中，把 kazu 和 gorou 的名字都保存在 Agroup 中。之后，大夫来了，我们想把他也放在小组里。这时候需要使用 Append 方法来实现。Append 方法叫作“追加”。

每种数据类型都有许多预定义的方法，可以使用这些方法来操作数据。要使用方法，请用．（点）连接数据类型和方法，如程序第二行所示。Append 是一个英语单词，意思是添加。它的名字就代表了功能。执行第三行程序中的 Agroup，查看数据，我们会发现 dai 也被添加到 Agroup 中。

◆ **从列表中删除一个元素**

我们已经介绍了向列表中添加元素的方法。相对的，也有删除元素的方法，它就是 remove。

console

```
>>>Agroup = ['kazu', 'gorou', 'dai']↵
>>>Agroup.remove('kazu')↵
>>>Agroup ['gorou', 'dai']
```

之前我们创建了三人小组 Agroup，接下来把 kazu 从列表中删除。在 remove 后的( )括号里写上要删除的元素名称，如第二行所示，告诉程序你要将哪个元素删除。如果执行 remove 后显示 Agroup 的内容，可以确认删除的 kazu 现在不在 Agroup 中。

◆ **改变列表中元素的顺序**

有一种方法可以对列表中的数据进行排序，这就是 sort。

```
>>>Agroup = ['kazu', 'gorou', 'dai']↵
>>>Agroup.sort()↵
>>>Agroup↵
['dai', 'gorou', 'kazu']
```

在包含字符串数据的列表中，它可以按字母顺序对数据进行排序。

如下所示，还可以对数字数据进行如下排序。

```
>>>test_result = [87, 55, 99, 50, 66, 78]↵
>>>test_result.sort()↵
>>>test_result↵
[50, 55, 66, 78, 87, 99]
```

我们可以看到 test_result 中的数据按递减顺序排列。这个方法虽然便利，但注意排序时不要在列表中混入数字和字符串类型，否则会报错。出现这种情况的原因是程序在比较字母和数字时，不知道先对哪种类型进行排序。

```
>>>mix_list = [85, 'kazu', 'dai', 100]↵
>>>mix_list.sort()↵
Traceback (most recent call last):
  File"<stdin>", line 1, in <module>
  TypeError: unorderable types: str() < int()
```

字典类型

我们来介绍一种叫作“字典”的数据类型。在解释如何使用它之前，我先解释一下它为什么叫作“字典”。例如在汉语词典中，单词及其含义按以下格式书写。

Fig 字典的例子

苹果 ...... 苹果是蔷薇科、苹果属的落叶乔木。或树的果实.........
.
.
.
路由器 ......一种在计算机网络之间中继数据的通信设备 ......
.
.
.

词典会拉出你要查的词的标题来查意思，然后打开页面，会有你要查的词的描述。Python 字典类型就类似于字典的格式，有一组标题和它们的数据相对应（数字、字符串等），就像在构建自己的字典一样。在 Python 中，标题被称为键（key），键与相应的数据配对。这样一来，这些数据就被称为字典中的数据。它与列表类型类似，都是数据的集合，但词典型数据的主要特点是它是标题和内容的结合，其格式如下。标题和相应的数据用：（冒号）隔开，每组数据用逗号隔开，然后用 {}（中括号）括起来，就形成了一个字典类型。

格式

```
{标题1:内容数据1, 标题2:内容数据2, …}
```

我们试着将它写成代码，如下所示。

```
{'1stClass': 65, '2ndClass':55, '3rdClass':45}
```

首先，我们来创建和使用一个字典类型的数据。下面以课外活动较多的人为例，创建一个以星期几为 key，课外活动为数据的字典类型。

console

```
>>>activities = {'Monday':'篮球', 'Tuesday':'骑自行车', 'Wednesday':'轻音乐',
     'Friday':'游泳'}
```

虽然按回车键没有任何显示，但内部正在创建一个字典。让我们根据一周的日子从这个字典中提取数据。在变量 activities 的 [ ] 中填入一周的哪一天，以周二或周五为键输入，然后按回车键。

console

```
>>>activities['Tuesday']↵
'骑自行车'
>>>activities['Friday']↵
'游泳'
```

这里展示了为每个键当天设定的课外活动。

◆ **字典类型方法**

列表类型有一个叫作方法的功能，可以对数据重新排序和删除元素，字典类型也有一些相似的方法。

例如可以通过使用一个字典类型和一个．（点）连接 keys( ) 来显示所有的键。同样，用．来连接 value( ) 会打印所有的内容数据。

console

```
>>>activities.keys()↵
dict_keys(['Wednesday', 'Friday', 'Tuesday', 'Monday'])
>>>activities.values()↵
dict_values(['轻音乐', '游泳', '骑自行车', '篮球'])
```

元组类型

或许有人从未听说过元组这个词。虽然这个词我们并不熟悉，然而，元组并不是一个 Python 术语，它表示的是“将多个元素组成一组”。如果你没听说过元组，应该或许听说过“double”和“triple”。“double”是指两次或两倍，“三”是指三次或三倍。虽然四倍往后也有各自对应的单词，但除此之外，“4 倍”可以称为“4 tuple”，“5 倍”可以称为“5 tuple”。tuple 是组的意思，可以把它记成是与 double 和 triple 类似的单词。

这种元组类型与前面提到的列表类型非常相似。其格式如下：

格式

```
(元素 A, 元素 B, 元素 C, ……)
```

像这样，将多个元素用，（逗号）隔开，并用小括号( )括住。

◆ **元组类型特征**

元组类型和列表类型一样，将其他各种数据类型组合在一起。

console

```
>>>tuple = ('apple', 3, 90.4)↵
>>>print(tuple)↵
('apple', 3, 90.4)
```

下面通过与列表类型进行对比来说明。列表类型和元组类型的区别之一是元组类型定义⊖后不能更改。我们以冰激凌口味为例。下面是一个列表类型的例子。

console

```
>>>list = ['薄荷', '巧克力', '草莓', '香草']↵   ●———— 定义
>>>list[0] = '朗姆酒葡萄干'↵
>>>print(list)↵
['朗姆酒葡萄干', '巧克力', '草莓', '香草']
```

在列表类型中，我们创建了一个包含四个元素的列表，然后将“薄荷”改写为“朗姆酒葡萄干”⊖，并确认数据。

如果我们尝试用元组类型做同样的事情，结果会变成这样。

console

```
>>>tuple = ('薄荷', '巧克力', '草莓', '香草')
>>>tuple[0] = '朗姆酒葡萄干' Traceback (most recent call last):  ┐
File"<stdin>", line 1, in <module>                               ├── Error
TypeError: 'tuple' object does not support item assignment       ┘
>>>print(tuple)
('薄荷', '巧克力', '草莓', '香草')
```

像列表类型的例子那样创建一个有4个元素的元组后，当我们试图将“薄荷”改写为“朗姆酒葡萄干”时，系统报错。错误内容为：“Tuple类型不支持添加新元素。”这是元组类型的特点之一。

元组类型的第二个特点是，它可以作为字典的键来使用。而我们并不能使用列表类型作为字典的键。可以通过写一个程序来检查这个特点。这章我们讲了字典类型，列表类型和元组类型共三个类型，如果不懂的话，可以反复参照本章进行学习。

⊖ 一开始创建变量叫作“定义”。

⊖ 列表中的元素用数字从左到右指定：0，1，2，3，...。

```
>>>diary = {}↵
>>>key = ('kamata', '08-01')↵
>>>diary[key] = '70kg'↵
>>>print(diary)↵
{('kamata', '08-01'): '70kg'}
```

首先在第一行创建一个名为 diary 的空字典。定义变量键为元组型的数据（'kamata', '08-01'），字符串'70kg'定义为字典型。通过使用元组，我们能够将名字'kamata'和时间'08-01'设置为一个键。

然后对列表类型进行同样的操作。

```
>>>diary = {}↵
>>>key = ['nakata', '08-01']↵
>>>diary[key] = '50kg'↵
Traceback (most recent call last):
  File"<stdin>", line 1, in <module>
   TypeError: unhashable type: 'list'
```

在创建了一个名为 diary 的空字典后，将变量 key 定义为列表类型数据['nakata', '08-01']，当定义字典 diary 的键值为'50kg'时，系统报错。

因此，字典的键可以使用元组类型，但不可以用列表类型定义。这其实与元组类型数据的第一个特征有关。具体来说是因为，字典的键只能被无法改变的数据类型来定义。我们可以认为经常改动字典的键是不太好的事情。

用元组类型数据注册字典的 key 的好处是，一个 key 里可以设置多个数据组合。例如在本例中，可以使用“姓名”和“日期”的组合来检索“体重”数据。只有姓名键或者日期键的情况下无法检索其他人的数据。如果创建一个 diary，字典的键设定为元组类型，体重为对应的键值，就可以写一个类似下面的程序。

```
>>>diary['kamata', '08-03']↵
'72kg'
>>>diary['nakata', '08-09']↵
'58kg'
>>>diary['nakata', '08-04']↵
'53kg'
```

集合类型

集合类型，就像列表类型和元组类型一样，可以将多个数据归纳在一起。因为我们讲了一系列相似的数据类型，所以与其试图完全记住它们，不如抱着“知道有这么个东西存在”的心情来读一读。

集合类型使用与字典类型( )相同的括号，并以与列表类型和元组类型相同的方式定义元素。

console

```
>>>candy = {'delicious', 'fantastic'}↵
>>>print(candy) {'delicious', 'fantastic'}
```

另外，也可以使用 set 函数来创建一个集合类型。

console

```
>>>candy = set('delicious')↵
>>>print(candy)↵
{'d', 'u', 's', 'l', 'e', 'o', 'c', 'i'}
```

当我们把“delicious”这个字符串传给 set 函数时，字符被打散了，且字符的顺序也改变了。这是由于“乱序保存”的特点。而如果你仔细观察，会发现“delicious”中的两个“i”在这里只出现一个“i”。这是由于 set 函数“去重（去掉重复数据）”的特点。

◆ **使用 set 函数定义一个集合类型**

为了避免使用 set 函数时元素被拆分成单个字符，可以将数据放在列表类型里传递给 set。

console

```
>>>flavor = ['apple', 'peach', 'soda']↵
>>>candy = set(flavor)↵
>>>candy↵
{'peach', 'apple', 'soda'}
>>>candy.update(['grape'])↵
>>>candy↵
{'peach', 'apple', 'grape', 'soda'}
```

将变量 flavor 定义为包含三种味道的列表类型。在第 2 行中，使用 set 函数将列表型变量 flavor 转换成集合型变量 candy。显示 candy，可以看到在第 1 行定义列表类型时，用

[ ] 括起来的内容在第 4 行被改成了在 {} 中表示，并且每个元素并没有被分成独立的字符，完好无损。如果想给这个集合类型添加新的数据，如第 5 行所示，可以用 [ ] 括起来的列表类型来传递并添加新数据。

关键是像这样，添加时要传入列表类型。如果不以列表形式添加它们，它们就会像前面的例子一样被拆分成单个散乱的字符。

◆ **方便地使用集合类型 1. 去重**

集合类型的特点之一是集合中没有重复的数据。下面来介绍实际生活中利用到这一特点的场合。你或许也有过这样的经历，“我想从计算机上的音乐列表中删除专辑和单曲里重复的歌”，或者“我想检查一下发送通知的邮件地址里是否有重复的”。

在 Python 中处理多条数据时，我们主要使用列表类型。然而，单凭列表类型并不能告诉我们数据中是否有重复。当我们想删除重复的数据时，可以将列表类型暂时转换为集合类型，删除重复的数据后，再转换回列表类型。让我们来试试吧。

console

```
>>>flavor = ['apple', 'soda', 'chocolate', 'apple', 'grape', 'grape',
            'soda']↵
>>>flavor_set = set(flavor)↵
>>>print(flavor_set)↵
{'grape', 'soda', 'apple', 'chocolate'}
>>>flavor = list(flavor_set)↵
>>>print(flavor)↵
['grape', 'soda', 'apple', 'chocolate']
```

在第 1 行，我们在变量 flavor 中放入了重复的数据：两个 apple，两个 soda 等。然后在第 2 行，我们用 set 把它转换为集合类型的数据，叫作 flavor_ set。在第 3 行用 print 函数打印 flavor_ set 中的数据，可以看到重复的数据消失了。如果再仔细看，顺序也是不同的。在这种情况下，flavor_ set 是一个集合类型。我们要把它作为一个列表类型来处理，所以将在第 5 行把它转换回原来的列表类型。这时使用一个 list 函数。和转换集合类型的 set 函数一样，也可以以同样的方式将集合类型转换为列表类型。如果再次用 print 函数显示变量 flavor，可以看到已经回到了列表类型，并且里面没有重复的数据。

◆ **方便地使用集合类型 2. 集合间计算**

集合类型的另一个重要特点是可以相互对比，检查它们是否有共同的数据。我们用一个实际的例子来说明这个问题。

如下所示输入程序。

console

```
>>>flavor_set_A = {'apple', 'peach', 'soda'}↵
>>>flavor_set_B = {'apple', 'soda', 'chocolate'}↵
>>>flavor_set_A - flavor_set_B↵
{'peach'}
>>>flavor_set_A & flavor_set_B
{'apple', 'soda'}
```

在第1行和第2行中，定义了flavor_set_A和flavor_set_B两个集合类型。在第3行中，两者相减。

```
flavor_set_A - flavor_set_B
```

这个计算要做的是，减去flavor_set_A中和flavor_set_B中的共同数据并输出结果。换句话说，显示的是flavor_set_A去掉apple和soda后的数据。那么如果从flavor_set_B中减去flavor_set_A会发生什么？知道答案后试着用程序运行一下吧。

在第5行中，用符号“&”来连接favor_set_A和favor_set_B。

```
flavor_set_A& flavor_set_B
```

这个计算所做的是显示flavor_set_A和flavor_set_B中的数据之间的共同数据。

这样一来，在集合类型中，就可以像使用符号进行计算一样，通过执行表达式来检查数据。需要注意的是，在这两种情况下，数据本身是不会改变的。

Table　可以与集合类型一起使用的符号和功能（摘录）

符　号	功　能
A <= B	检查B是否包含A的所有元素
A >= B	检查A是否包含B的所有元素
A | B	用A和B中的所有元素创建一个新的集合变量
A & B	用A和B中共同的元素创建一个新的集合变量
A - B	用在A中有，在B中没有的元素创建一个新的集合变量
A ^ B	用只能包含在A和B其中一个里面的元素，创建一个新的集合变量

总结

接下来关于我们目前所学的数据类型，对其各自的定义方法进行总结。

◆ **数值类型**

▶ **整数**

```
data_type_integer = 89
```

如果只写数字，不写小数，则按整数处理。

▶ **浮点数**

```
data_type_float = 0.89
```

带有小数点的数字被识别并作为浮点数处理。

▶ **复数**

```
data_type_complex = 8 + 9j
```

j 表示复数的虚部。

◆ **字符串类型**

```
data_type_string = 'luckey 7'
data_type_string = "luckey 7"
```

用''（单引号）或""（双引号）括起来的字符被视为字符串类型。

◆ **列表类型**

```
data_type_list = ['牛奶咖啡', '摩卡咖啡', 980]
```

使用［］括号归纳元素。

◆ **字典类型**

```
data_type_dictionary = {1:'January', 2:'February', 3:'March'}
```

使用｛｝括号定义键和数据。

◆ **元组类型**

```
data_type_tuple = ('鸡', '牛', '猪')
```

用( )括号归纳元素。

◆ **集合类型**

```
data_type_set = {'Python', 'Ruby', 'PHP'}
```

用｛｝括号归纳元素。

```
data_type_set = set(['Python', 'Ruby', 'PHP'])
```

也可以使用函数 set( )来定义它。

第 3 章　编程基础语法使用

本章我们将了解在 Python 中可以使用的“方法”，并学会使用它们。对于编程初学者来说，本章将会认识各种全新的概念。这一章稍难，但只要沉下心来，认真理解了每一个小节就没问题。如果能完全掌握本章的内容，就已经能编写出自己的程序了。

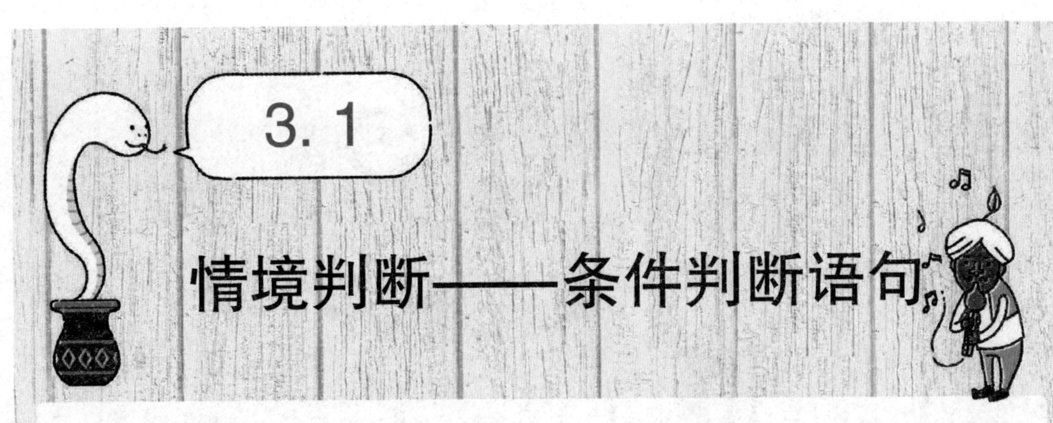

在本节中，我们将学习条件判断语句。通过使用条件分支，程序中可表达的内容就大幅增加了。

条件判断语句是什么

说起“条件判断”这个东西，听起来是有点困难。那么换句话说，条件判断其实是“在程序中，能够根据情况进行不同处理”的功能。在日常生活中，我们会在不经意间根据情况产生不同的反应。以日常生活为例来思考一下。

在随意的日常情境中进行的条件判断

我在下班回家的路上顺便去了一家便利店，想买点甜食吃。我看到了一个看起来很好吃的蛋糕，售价 420 日元，正想买下它，但我想起钱包里只有 300 日元，于是只好悄悄地把它放回了货架上。看了看旁边，又看到了一个看起来很好吃的布丁，只需 200 日元。本想着要不今天就吃这个吧，但是转念一想，我记得中午已经吃过布丁了，所以最后还是去买了 120 日元的酸奶。

或许你会想，这段话是在表达什么呢？其实这是为了帮助大家把握条件判断语句的感觉，将日常生活中可能发生的事情抽象（简单）地描述出来，并以此为例。不用考虑得过于深入，试着自己想象一下吧。

如果单独把小故事中的“我的想法”和“我的做法”抽取出来，就会得到以下内容。试着为下列句子填空。

▶ 如果我手头有○○○日元以上，就买○○○了。

▶ 如果不是中午吃了○○○，我就会买○○○了。

▶ 因为没有买〇〇〇和〇〇〇，所以我买了〇〇〇代替。

填好了吗？正确答案如下：

▶ 如果我手头有 420 日元以上，就买蛋糕了。

▶ 如果不是中午吃了布丁，我就会买布丁了。

▶ 因为没有买蛋糕和布丁，所以我买了酸奶代替。

Fig 条件判断的例子

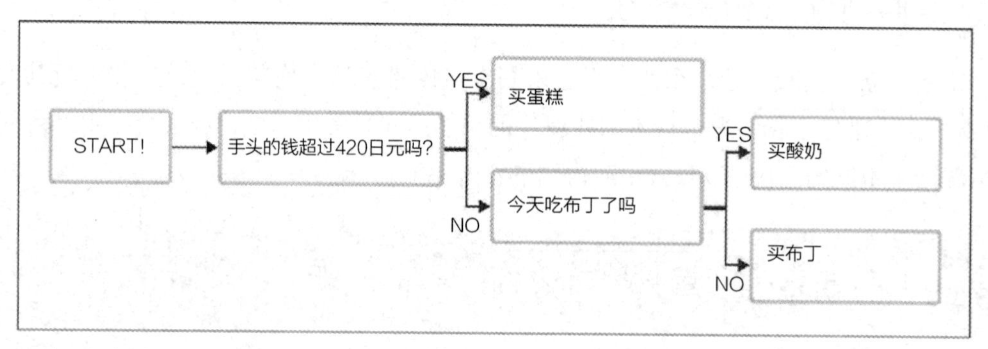

根据本章介绍的“条件判断”，图中“YES/NO”的部分表示“如果是 YES，这样做”“如果是 NO，那样做”，换句话说也就是“如果〇〇〇，我会〇〇〇”，把它替换成了能够用来指示程序的语句。

条件判断语句的使用方法

在 Python 中“如果 xx 就▽▽”，可以使用关键字 if 来表达，如下所示。

格式

```
if xx:
    tab ▽▽
```

规定在标记[tab]的地方，使用 Tab 键插入，或者使用空格键插入 4 个半角[⊖]的空格。像这样行首的空格称为缩进。缩进在 if 语句和我们后面要讨论的循环语句中都是必要的。忘记缩进的话会导致报错。

例 试想电影院的售票情景 评级制度（一）

为了理解条件判断的过程，我们将从身边具体的例子出发编写程序来进行解释说明。

关于电影，电影伦理委员会根据作品内容规定了观影的年龄范围。这就是所谓的“电影分级制度”。评分规定有好几类，但我们以 R18 +，也就是禁止未满 18 岁的人进入或观看电影的售票工作为例，来思考一下这份工作的流程。首先确认来购票的人的年龄，年满 18 周岁的，可以售票，未满 18 周岁的，不允许售票。

如果套用到“如果 xx，就▽▽▽”句式中，就可以写成“如果客人年满 18 岁，就售票”。可以用 if 语句写成如下格式。

格式

```
if (18 岁以上):
tab 售票
```

从这里开始，我们将对其中用中文编写的部分进行编程。首先，来看看“if（18 岁以上）”的部分。为了表示“18 岁以上”，将使用前面学习过的比较运算符。将购票人的年龄定义为变量 age。为了便于说明，这次我们用打印字符串的 print 函数来简单表示“售票”动作。那么，程序就变成了下面这样。

```
if (18 < = age):
tab print('售票')
```

⊖ 空格数不一定是 4 个，但为了方便阅读，习惯上要留 4 个空格。

现在使用Python交互式shell实际运行这个过程。启动控制台（命令提示符或终端），输入“python（若为Mac操作系统则输入python3）”启动交互式shell，然后尝试输入并运行以下内容。

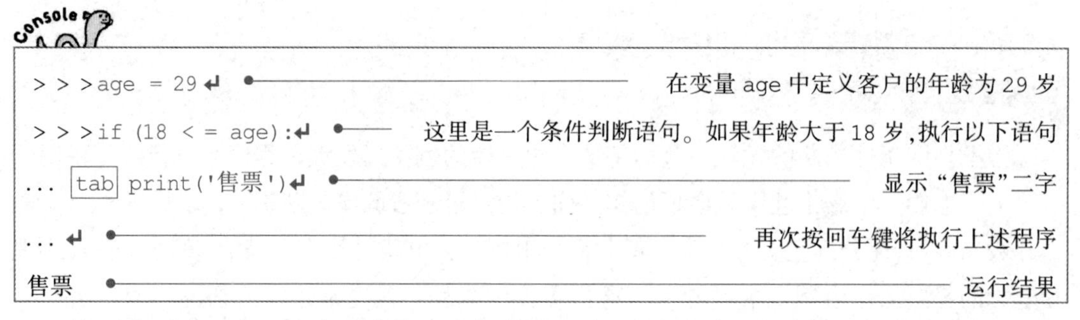

接下来再试一次。这次试着将客户年龄设置为15岁，小于18岁。

这一次，未显示出任何内容，程序就结束了。由此可知，如果满足条件判断语句中的18 < = age，则执行if下面的那行，如果不满足18 < = age，则不执行if下面的那行。这里的“满足18 < = age”与我们学习比较运算符时出现的“18 < = age为真”是一样的。

Fig　if方法

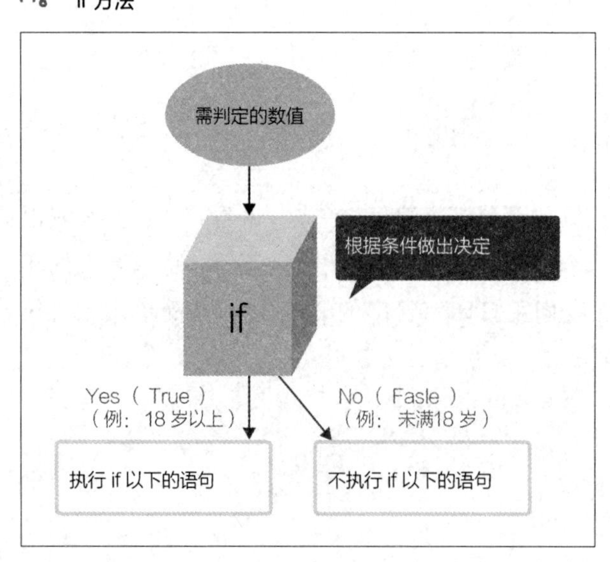

像这样，只有当()中指定的条件为真时，if才会执行它下面的语句。

试想电影院的售票情景 评级制度（二）

我们刚刚试着用 Python 编写了一个程序，用 if 语句来模拟 R18 + 制度下的电影票售票流程。在前面的程序中，如果不满足 if 条件，程序退出并且什么也不显示。试着在现实生活中考虑一下：一个未满 18 岁的顾客来到售票处买一张 R18 以上的电影票，顾客和售票员在售票处互相沉默。这样一来，双方都会觉得很尴尬，那么就在前面的程序中增加一个流程："如果不能售票怎么办?"

我们可以使用关键字 else 来使程序在不满足条件的情况下做其他事情。通过使用 else 关键字，可以表达"条件判断不满足"的情况，语法如下。

格式

```
if 条件:
tab 当条件为 True 时执行 ●————————[A]
else :
tab 当条件为 False 时执行 ●————————[B]
```

当条件为 True 时，［A］中的语句被执行；当条件为 False 时，［A］中的语句被跳过，［B］中的语句被执行。换句话说，如果条件为 True，［B］中的语句不会被执行；如果条件为 False，［A］中的语句不会被执行。通过使用这个功能，可以根据条件对程序进行分支。

```
if (18 < = age):
tab print('售票')
else:
tab print('无法售票')
```

首先，判断 age 是否大于 18 岁。

▶ 如果超过了 18 岁，程序会运行显示"售票"，并结束。

▶ 如果未满 18 周岁，程序会运行显示"无法售票"，并结束。

最后输入并运行以下程序。作为测试，将年龄设定为 15 岁。

Console

```
> > >age = 15 ↵
> > >if (18 < = age):↵
... tab print('售票') ... ↵
...else:↵
... tab print('无法售票')
... ↵
无法售票
```

由于年龄小于18岁，所以只执行了“else:”以下的那几行。在同一程序中将年龄设置为18岁以上再运行，会就看到“售票”被表示出来了。

试想电影院的售票情景
老年优惠

到目前为止，我们已经对前来购买R18以上电影票的客户进行了年龄核查，然后根据客户是否年满18周岁的判断结果为工作流程安排了分支。这一次，再增加一个基于年龄考虑的判断流程。我们以一个远远超过18岁，年龄为60多岁的客户为例，考虑一下如果告诉了对方可享用老年折扣之后的售票情景。

这次要使用的是关键字elif。通过使用这个elif，相当于多次使用“if”条件。

格式

```
if  条件表达式1：
    条件表达式1为True时执行 •————[A]
elif 条件表达式2：
    条件表达式2为True时执行 •————[B]
else:
    当条件表达式1和2都为False时执行 •————[C]
```

如果条件表达式1正确（即为True），则执行［A］。如果条件表达式2正确（即为True），则执行［B］；如果条件表达式1和2都不正确，则执行［C］。

```
if (60 < = age):
tab print ('票价1000日元')
elif (18 < = age):
tab print ('票价1800日元')
else:
tab print ('无法售票')
```

解说

◆ age超过60岁时

首先在第1行检查年龄是否大于或等于60。如果大于或等于60，就会看到“票价1000日元”的提示，程序结束。

◆ age 18岁以上60岁以下时

第1行检查年龄是否超过60岁，由于未满60岁，所以什么也不做，向下执行检查第

3行的条件表达式。由于第3行age在18岁以上，显示“票价1800日元”，结束程序。

◆ age未满18岁时

第1行检查条件是否大于或等于60，由于小于60，因此继续检查第3行的条件；第3行检查年龄是否大于或等于18岁，但由于年龄小于18岁，这个条件也不满足。现在进入第5行。由于既不大于60，也不大于18，所以程序最后以显示“无法售票”结束。

其实也可以使用交互式shell，并尝试定义上述程序中的变量age。

console

```
>>>age=70↵
>>>if (60<=age):↵
... tab print ('票价1000日元') ↵
... elif (18<=age):↵
... tab print ('票价1800日元')↵
...else:↵
... tab print ('无法售票')↵
...↵
票价1000日元
```

程序是否按照预期在工作呢？试着用不同的age值运行一下，加深对程序的理解吧。

试着用elif关键字编写了一段老年优惠项目的程序。此前我们学习的else只能使用一次，但如果使用elif的话，就可以增加条件表达式的数量。因为else是一个单纯的分支，“不符合任何一个写在else之前的if或elif里所包含的条件表达式”，所以只能使用一次。而elif可以多次使用，是因为它是用来增加新的分支条件的数量的。多次使用elif，可以和现实中一样增加条件情境，比如大学生票、初中生票、高中生票和儿童票。今后在学习使用Python语法进行编程的过程中，一定会遇到需要写各种各样的条件判断的情况。在这种情况下，请牢记elif。

◆ if条件句中的注意点

在编写if条件判断程序的时候，有一些重要的点需要注意。那就是条件表达式的书写顺序。条件表达式的书写顺序不仅会改变程序处理的顺序，也会改变处理的结果。让我们通过例子来看看吧。

在这个老年优惠项目中，要求按照“是否在60岁以上”“是否在18岁以上”“其他”的顺序来排列条件判断。如果把其中的“是否在60岁以上”和“是否在18岁以上”调换一下，会发生什么呢？

console

```
>>>age=70↵                                    设定客户年龄为 70 岁
...if (18<=age):↵                              首先判断是否在 18 岁以上
... tab print ('票价 1800 日元')↵
...elif (60 <=age):↵                           然后判断是否在 60 岁以上
... tab print ('票价 1000 日元')↵
...else:↵
... tab print ('无法售票')↵
...↵
票价 1800 日元
```

改变程序顺序，将变量 age 定义为 70，则会显示“票价 1800 日元 ”。好像没办法使用老年优惠呢。造成这种情况的原因是程序的执行顺序依照的是自上而下的原则。因为程序从上往下开始执行，不管是 70 岁，还是 60 岁，只要满足了“是否在 18 岁以上”这个条件，就会显示“票价 1800 日元”。像这样，为了使程序按照我们的想法执行，就必须要在多个条件分开处理的情况下认真考虑处理的顺序。要记住，这些条件表达式的顺序“可能会改变结果”。

◆ **条件表达式的完善**

我们已经学习了改变条件表达式的顺序，结果也会随之改变的例子，接下来通过完善条件，使得程序即使改变条件顺序，也能返回正确结果。

我们再来看看票价要求。有三个条件：“60 岁以上”“18 岁以上”“其他”。要想满足这三个条件，背后还有一个“没有说清楚，但实际上很重要的条件”。你知道是什么吗？如下图所示。

Fig 用图表示条件

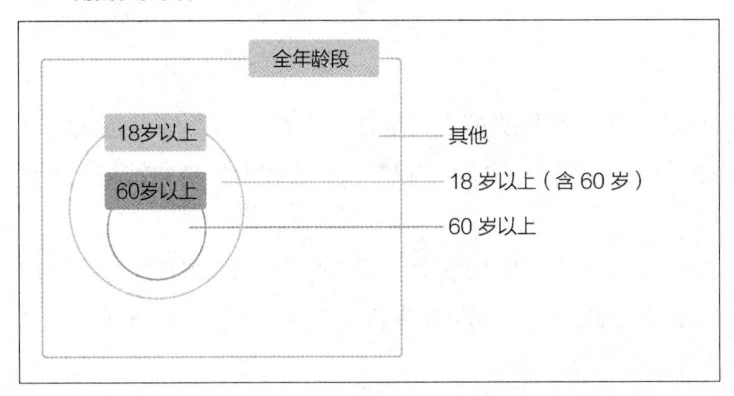

那就是“18 岁以上 59 岁以下”。在之前的程序中，其实存在比“60 岁以上”“18 岁以上 59 岁以下”“其他”更严密的条件表达式。程序如下所示。

Console

```
>>>age=70↵
>>>if (18 <= age <= 59):↵
... tab print('票价1800日元')
...elif (60 <= age):↵
... tab print('票价1000日元')↵
... else:↵
... tab print('无法售票')↵
...↵
票价1000日元
```

在第一个条件的基础上，增加了“59岁以下”的条件，即使变量age为70的情况下，也可以通过程序成功向客人传递票价为1000日元的老年优惠。

从“改变条件表达式顺序进而改变结果”的例子开始，我们说明了如何对条件表达式进行完善。在书写条件判断的处理时，要注意是否设定了严密周全的条件判断。记住这点，就可以写出更完善的程序。

例 试想电影院的售票情景

电影票买五惠一

这几课里面的售票情景小故事虽然很长，但也快要结束啦。在陌生的环境里敲代码，又要考虑复杂的条件判断，应该很辛苦吧。不过只剩最后一节了，一鼓作气，让我们再努力一下吧！

一些大的电影院，比如多厅影院，都会推出一些优惠的积分卡。这次我们以“使用积分卡在电影院购买5张电影票后，可享受下一张票价1000日元”的优惠服务为例，来解释一下最后的条件判断语句。

那么首先，我们来梳理一下这种“票价1000日元”的服务条件。

▶ 顾客有积分卡。

▶ 到目前为止，顾客已购票观看5部电影。

使用这个条件，让我们试着创建一个程序，判断顾客的下一张电影票票价是否为1000日元。

Console

```
>>>pointcard = True↵
>>>count = 5↵
>>>if (pointcard == True):↵
... tab if (count == 5):↵
... tab tab print ('感谢一直以来的支持。本次票价为1000日元。')↵
```

解 说

将变量 pointcard 定义为“是否持有积分卡”，变量 count 定义为“目前在这个影院看过的电影数量”。使用 if，我们首先检查变量 pointcard。接下来，同样使用 if 检查目前看过的电影数量是否为 5 部。

当使用了大量的 if 会怎么样？

这样一来，在程序中适当缩进（代码左侧的空格），就可以在 if 条件语句中再次构造 if。如果想写一下的话，可以在 if 中写一个 if，然后在 if 中写一个 if，再在 if 中写一个 if，以此类推，可以一直写下去。

但是不要因为可以这么写，就尽可能在 if 语句中嵌套 if。在嵌套中嵌套，这种“深度嵌套”是导致程序难以阅读的原因之一。因此也可以说深度嵌套的程序不是“好程序”。嵌套时，最多嵌套三层为宜（使用三次 if）。如果要构造更深的嵌套时，则需要完善条件，建议再考虑考虑，检查是否真的需要这么多层嵌套。

另外，“嵌套”也叫 nest，表示 B 在 A 里面。它经常被比作 matryoshka（俄罗斯套娃，大娃娃里面套着小娃娃）。

在编程中，有这种情况：重复过程中包含了重复过程，还有像这样的情况：在 if 中写了一个 if。

在上文的积分卡服务程序中，我们写了一个 if 的嵌套，其实还有其他的写法可以用多个条件写条件分支。那就是像“条件 A 和条件 B 同时进行”的情景一样，对多个条件进行归纳。

在本例中，是否可以使用积分卡优惠服务的条件，用中文写出来则如下所示。

▶ 持有积分卡，并且已经看过 5 部电影。

如果可以把它写成 if 条件表达式的话，那么就能只用一个 if 做出“买五惠一”的判断。让我们试试吧。

```
if (持有积分卡,并且已经看过 5 部电影):
tab print('感谢一直以来的支持。本次票价为 1000 日元。')
```

当我们想象把多个条件总结为一个的时候，可以在 Python 中使用关键字 and。

“持有积分卡” and “到目前为止已经看了 5 部电影”，就表示“持有积分卡，并且已经看过 5 部电影”。让我们在下面的程序中检查一下吧。

```
>>>pointcard = True↵
>>>count = 5↵
>>>(pointcard == True)↵
True
>>>(count == 5)↵
True
>>>((pointcard == True) and (count == 5))↵
True
```

从上往下逐一检查条件表达式是 True（正确）还是 False（假）。第 7 行中第一个条件“是否持有积分卡”，用“pointcard == True”来表示。然后用 and 来连接另一个条件“目前为止是否观看了 5 部电影”（count == 5）。让我们检查一下如果 and 一侧的条件表达式为 False 时，会发生什么。

```
>>>pointcard = False↵
>>>count = 5
>>>(pointcard == True)↵
False
>>>(count == 5)
True
>>>((pointcard == True) and (count == 5))
False
```

这次把 pointcard 条件设为 False，这样最后一个（持有积分卡，并且已经看过 5 部电影）的条件表达式结果为 False。可以确认显示了正确的结果。

现在你理解 and 的用法了吗？接下来，用 and 写一个买五惠一的服务判定程序吧。

```
>>>pointcard = True↵
>>>count = 5↵
>>>if ((pointcard == True) and (count == 5)):↵
... [tab] print('感谢一直以来的支持。本次票价为 1000 日元。')
...↵
感谢一直以来的支持。本次票价为 1000 日元。
```

第三行的这段代码表示条件“持有积分卡，并且已经看过 5 部电影”。第一个条件“持有积分卡”表示为（pointcard = = True）。然后使用 and，将另一个表达“观看过的电影是否有 5 部”的条件表达式（count = = 5）连接起来。只有当这两个条件“全部为 True（全为真）”时，才能显示“感谢一直以来的支持。本次票价为 1000 日元。”请记住，在使用 and 的时候“只有当 A，B 条件全为真时结果为 True，否则全为 False”。

现在来回顾一下之前的内容。使用目前看到的所有条件来完成电影票售票系统的架构吧。

在开始编写程序之前，先来组织一下程序。这是个稍微有点大的程序，因为它包括了以下四个条件，不过不用担心，因为它们使用的都是相同的条件判断机制。

1. 未满 18 岁者不得购票。
2. 18 岁以上、59 岁以下的顾客票价为 1800 日元。
3. 60 岁以上票价 1000 日元。
4. 持有积分卡，并且已经看过 5 部电影，票价为 1000 日元。

下面开始着手写程序吧……但首先用中文把条件分支写出来。试着用 if 和中文写出上述的四个条件。

在开始写程序之前用中文思考，对确定 if 语句的顺序以及检查是否有漏判的情况十分有效。在实际开发过程中，有时也会尝试先用中文写一个处理流程，厘清思路后再写复杂的程序。

```
if(18 岁以下):
tab 无法购票 elif(6 0 岁以上): tab 票价 1000 日元
elif(买五惠一的目标顾客):
tab 票价 1000 日元
else:
tab 票价 1800 日元
```

条件判断的结构写得不一样也无所谓，因为并没有一个统一的答案。这个条件判定式中需要注意的一点是，在一开始我们就声明了“18 岁以下无法购票”。因为本次的电影评级为 R18 +，不管今后增加了什么样的优惠服务，18 岁以下的对象都无法参与。所以先判定 18 岁以下的结果，这样在考虑其他优惠服务的条件时，就不必再考虑 18 岁以下如何处理了。

◆ **总结条件**

虽然参考刚才用中文写的处理流程书写程序也可以，但让我们稍微努力一下，写一个更简洁的程序吧。将上述条件稍加完善，即可减少一个 elif 语句。在你看到解决方案之前，请尝试稍加思考一下。提示："将同样的过程放在一起"。

```
if(18 岁以下):
[tab] 无法购票 elif(60 岁以上):
[tab] 票价 1000 日元
elif(买五惠一的目标顾客):
[tab] 票价 1000 日元
else
[tab] 票价 1800 日元
```

仔细看一下，"60 岁以上"和"买五惠一"的票价都是同样的 1000 日元。虽然条件不同，但处理过程是一样的。这两个条件可以放在一起。

"总结条件"这个关键词让我想起了我们刚刚学习的"and"。

▶ 60 岁以上。

▶ 买五惠一的目标顾客。

如果把这两个条件用"and"连接起来，就意味着必须同时符合年满 60 岁以及买五惠一服务条件。发生"虽然满足了买五惠一的优惠条件但因为未满 60 岁不可以使用"这样的情况，最后会导致顾客的不满吧。所以这次要使用的是 or 这个新的关键字。用 or 可以表示"或""或者"。or 写为：

```
A 条件 or B 条件
```

如果 A 条件或 B 条件为真，则为"True（真）"。换句话说，只有当 A 条件、B 条件都为"False（假）"的时候，"A 条件 or B 条件"才为"False（假）"。

and 和 or 的用法如下。我们并不是要单纯地记住这些用法，而是要保证自己在理解的基础上使用它们。

Table （A 条件 and B 条件时）

A 条件	B 条件	结果
True	True	True
True	False	False
False	True	False
False	False	False

Table （A 条件 or B 条件时）

A 条件	B 条件	结果
True	True	True
True	False	True
False	True	True
False	False	False

我们用这个 or 来总结一下刚才用中文写的条件表达式。

```
if(18 岁以下):
[tab] 无法购票
elif(60 岁以上 or 买五惠一的对象):
```

```
tab 票价 1000 日元
else:
tab 票价 1800 日元
```

通过使用 or，整个处理过程缩短了两行。那么现在就根据中文写出的这个流程来写一个程序吧。

console

```
>>>age = 35↵
>>>pointcard=True↵
>>>count=5↵
>>>if (age < 18):↵
... tab print('无法购票')↵
... elif ((60 <= age) or ((pointcard == True) and (count == 5))):↵
... tab print('票价 1000 日元')↵
... else:↵
... tab print('票价 1800 日元')↵
```

解说

虽然现在的程序比较简短，但是涉及 elif 的条件稍微有些复杂，让我们再来详细看看。正如事先用中文所考虑的那样，这个判断语句是针对 60 岁以上的老人，或者是符合买五惠一服务的人。

```
elif ((60 <= age) or ((pointcard == True) and (count == 5))):
```

从左开始，60 岁以上的条件写为（60 <= age），买五惠一的条件写为（（pointcard == True） and （count == 5））。括号有点多，不过用中文思考的话会容易理解一些。

```
(A 条件 or (B 条件 and C 条件))
```

同样的括号( )虽然有多个，但这和在数学里把要先计算的部分用小括号括起来是一样的。

$$5\times(3+2)$$

就像先计算( )括号里的 3+2，再乘以 5 一样，先取得 B 条件 and C 条件的结果，再用这个结果和 A 条件进行 or 运算，判断是 True 还是 False。

条件判断语句的思考方法

到此我们试着写了一个电影售票处的互动程序。为了解释条件语句，我们简化后来编写一个程序。或许有人想“如果只显示票价的话有什么用呢”？但其实这并不仅仅只是一个无意义的例子。

Fig 电影票售票系统截图示例

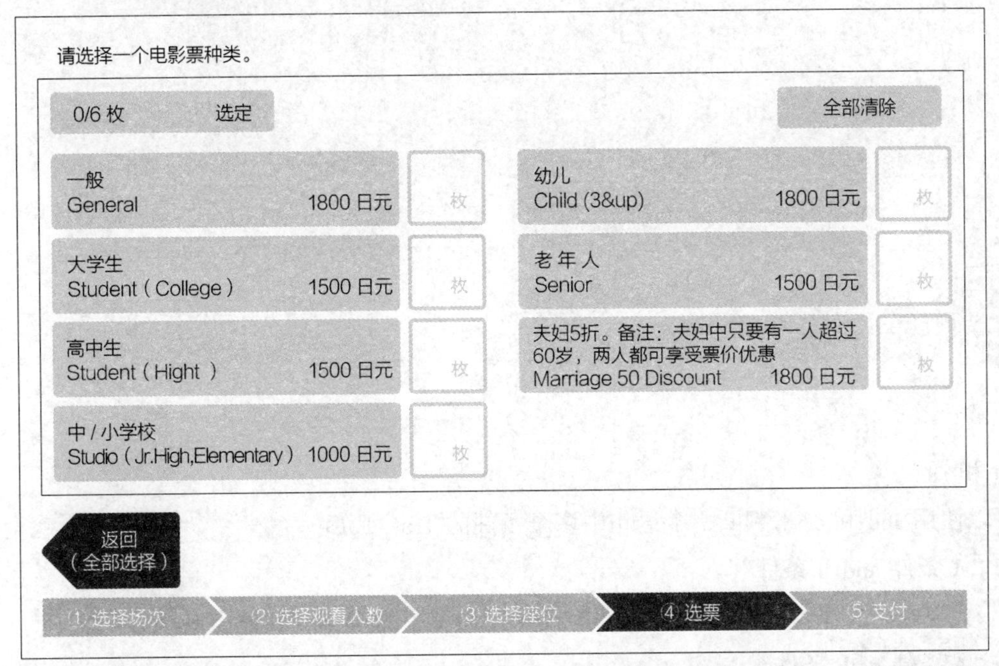

很多人应该都用过，在显示的电影票务系统中，如果你是学生，就给你学生优惠，如果你是 60 岁以上的老人，就给你老人优惠。条件分支是一个现有编程系统中使用的基本概念。尝试思考“这个系统采用的是什么条件判断分支?”对于编程来说，也是很好的训练。

总结

◆ 条件分支

向程序传达“如果 xx，就○○”的指令，称为条件分支。可以使用关键字 if、elif 和 else 来编写条件判断语句。条件分支的书写格式如下。

格式

```
if 条件 A:
tab (执行)  ●———————— 条件 A 为真时执行
```

```
elif 条件 B:
tab(执行)  ●———————— 条件 A 为 False,条件 B 为 True 时执行
else:
tab(执行)  ●———————— 条件 A、条件 B 都为 False 时执行
```

实际程序编写如下。

```
>>>x = 100↵
>>>if (x <= 10):↵
... tab print('x 不超过 10')↵
... elif (x < 30):↵
... tab print('x 小于 30')↵
... else:↵
... tab print('x 大于 30')↵
... ↵
x 大于 30
```

◆ and 和 or

可以使用 and 和 or 来判断一个语句中多个条件的 True/False。

▶ “A 条件 and B 条件”

➡ 仅在“A 条件为真，且 B 条件为真”的情况下为 True，其他为 False。

▶ “A 条件 or B 条件”

➡ 当“A 条件为 True 或 B 条件为 True”时，为 True。只有“A 条件、B 条件都为 False”才为 False，否则为 True。

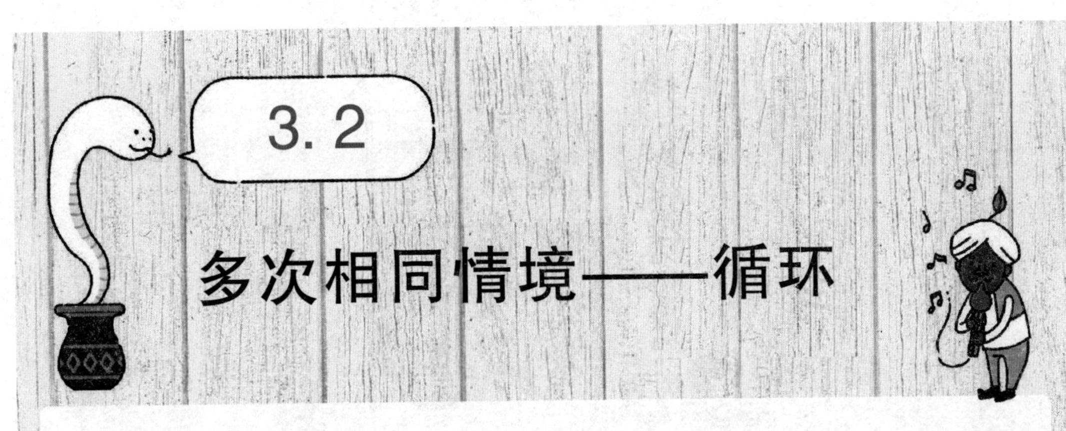

3.2 多次相同情境——循环

本节我们将学习编程中的一个基本概念“循环”。你对“循环”有着什么样的印象呢？例如在日常生活中，我们会说：“日复一日，每天都是这样！”“我最近很喜欢这首歌，听了一遍又一遍”等。接下来要学习的“循环”也和这些事情差不多。

循环语句是什么

程序擅长的事情之一就是“能够处理大量的数据”。当然，我们不能只给数据，程序不会自动按我们的想法处理，所以需要对想要处理的内容进行编程。在编程时，总会遇到需要“重复同一操作”的时候。我试着用一个简单的例子来解释一下这意味着什么。

当你和机器人搭档时会发生什么？

在期待已久的学校聚会上，你开了一个热狗小摊。首先来看一下做热狗的食谱吧。

1. 烘烤面包。
2. 烤香肠。
3. 将香肠切成片放入面包中。
4. 涂上番茄酱和芥末。

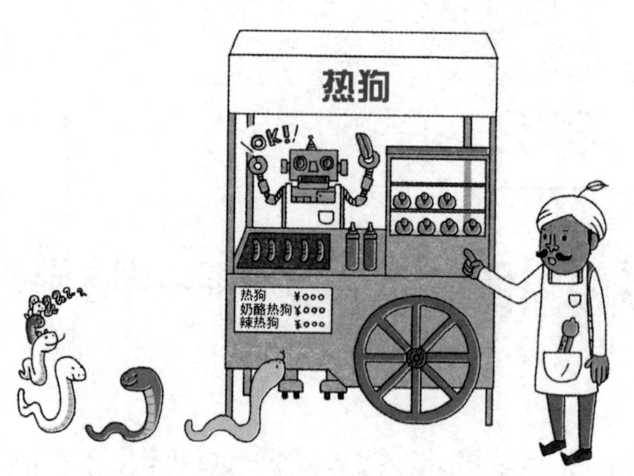

工作的内容很简单，接到多少顾客的订单，就做多少热狗。

并不是让你一个人负责热狗的全部制作流程，你会有一个搭档共同合作，但这个搭档并不是你的同学，而是由程序调动的机器人。虽然只要拜托机器人，各种事情它都可以快速完美地完成，但它是一个不怎么聪明的机器人，每次在做热狗的时候都会忘记流程。作为人类的你，每次接到顾客的订单后，都要重复教机器人一遍食谱。以下就是热狗小摊的工作流程。

1. 从顾客那里接单，并收费。
2. 教机器人怎么做热狗（以下 4 个步骤）。

   （1）烘烤面包。

   （2）烤香肠。

   （3）将香肠切成片放入面包中。

   （4）涂上番茄酱和芥末。
3. 将准备好的热狗交给顾客。

上午人很少，但到了午饭时间，开始有很多人排队，有的顾客一次就买了 10 个。接到 10 个热狗的订单后，接下来要这么做。

1. 从顾客那里接单，并收费。
2. 教机器人怎么做热狗（以下 4 个步骤）。

   （1）烘烤面包。

   （2）烤香肠。

   （3）将香肠切成片放入面包中。

   （4）涂上番茄酱和芥末。
3. 教机器人怎么做热狗。

(1) 烘烤面包。

(2) 烤香肠。

(3) 将香肠切成片放入面包中。

(4) 涂上番茄酱和芥末。

4 教机器人怎么做热狗。

终于做到第三个了……

5 (中间省略) 做好 10 个热狗后交给顾客。

尽管你在为顾客服务时脸上带着微笑，但可能还是会这么想：

“至少能为一个客人一口气做完也好啊……”

可真是辛苦啊。这时，程序的循环功能就派上用场了。如果你知道如何使用循环的话，对买了 10 个热狗的客人，你们的工作会变成下面这样。

1 从顾客那里接单，并收费。

2 重复“制作热狗”10 次。

制作热狗的流程

(1) 烘烤面包。

(2) 烤香肠。

(3) 将香肠切成片放入面包中。

(4) 涂上番茄酱和芥末。

3 将制作好的热狗交给客人。

2 “重复 10 次下面的操作”这个命令就是本章所述的循环。在这个热狗小摊的例子中，

循环并非是每次都对热狗的做法进行说明，而是要求将这个说明做法的动作重复○次。有了这个功能，可以储备很多食材，用机器人一起制作很多热狗啦。
当我们真正在程序中写循环时，会使用到关键词 for 和 while。

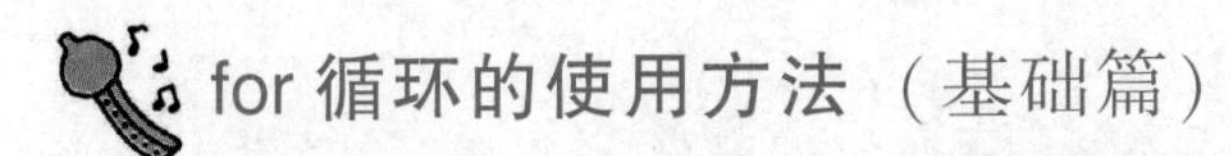

for 循环的使用方法（基础篇）

可以用 for 来写一个循环过程。首先来看它的书写格式。

格式

```
for 变量 in range(循环次数):
[tab] 重复执行
[tab] 重复执行
.
.
.
```

有很多陌生的语句或许会觉得难，但很快你就会习惯的。让我们在实际的程序中试试吧。首先来做一个三次循环。启动一个交互式 shell，尝试输入并执行如下程序。

console

```
>>>for count in range(3):↵
... [tab] print ('重复执行')↵        ● 循环表示
... [tab] print(count)↵             ● 表示 count 的数字
... ↵
重复执行
0
重复执行
1
重复执行
2
```

解 说

先从第 1 行开始解说。count，顾名思义，就是一个“数数”的变量，里面放着数字。在 range( ) 中使用数字 3 来指定程序应该重复三次。

```
for count in range(3):
```

根据 for 指令，重复以下过程三次。

```
print('重复执行')
print(count)
```

从结果来看，打印出了“重复执行”以及 count 中的数字。count 里存放的数字，从 0 开始，每重复一遍就加 1。

专栏

for 是什么?

for 就像“for you”，一般来说都表示“为了……”。正因如此或许你更没有头绪，for 其实也有“在……区间内”的意思。比如“for a long time”就是“在很长一段时间内”。Python 中 for 的意义是后者，表示在“……区间内”重复使用。不仅是 Python，在其他编程语言中，for 也是循环的关键字。

for 循环的使用方法（应用篇）

我们刚刚用 for 重复了指定的次数，那么这次作为 for 的应用，把字符串类型的数据放在之前写 range( ) 的地方试试。

Console

```
>>>word = 'ninja'↵
>>>for chara in word:↵
... [tab] print(chara)↵
...↵
n
i
n
j
a
```

将字符 ninja 放入变量 word 中，变量 chara 代表每次按顺序取一个 ninja 中的字符，重复 5 次并用 print 函数打印出来。通过例子可知，for 能对数据中的每一个元素分别进行处理。其代码格式如下。

格式

```
for 变量 in data:
[tab] 使用变量的处理
```

这个概念有些难以理解，我们接下来用几个例子进行说明。

◆ 使用 for 进行列表类型的循环操作

如上例所示 for 不仅可以指定循环次数，重复执行程序，还可以通过向 for 传递一个列表类型，对列表类型中的每个数据执行相同的操作。列表类型是将多个数据归纳到一起的数据类型。

尝试创建一个列表类型的歌单，然后在歌单中进行循环，逐一显示。

console

```
>>>music_list = ['DEATH METAL', 'ROCK', 'ANIME', 'POP']↵
>>>for music in music_list:↵
... [tab] print('now playing... ' + music)↵
... ↵
now playing... DEATH METAL
now playing... ROCK
now playing... ANIME
now playing... POP
```

我们往 music_list 这个变量中放入 4 个字符串类型的数据。第 2 行 for 中的变量 music，顺序存放 music_list 中的数据。在传入列表类型，循环执行的过程中，使用 print 函数分别打印每次的数据，并在数据开头显示 now playing…。这样就可以看出，列表类型里的字符串数据一个接一个地被放入 music 中，并且 print 函数也被重复执行了。

◆ **使用 for 进行字典类型的循环操作**

接下来看一看使用 for 循环对字典类型的数据进行逐个处理的例子。

console

```
>>>menu = {'拉面':500, '炒饭':430, '饺子':210}↵
>>>for order in menu:↵
... [tab] print(order)↵
... [tab]print(menu[order] * 1.08)
... ↵
饺子
226.8
炒饭
464.4
拉面
540.0
```

menu 是一个存储了中餐馆的菜单和价格的字典类型变量。第二行把 menu 传给 for，每次重复执行时，将数据传给变量 order。

```
menu = {'拉面':500, '炒饭':430,'饺子':210 }
for order in menu:
```

这里有一点需要注意：顺序放入变量 order 中的数据不是字典类型的数据，而是字典的键。如果用 print 函数将其打印出来，将会得到 menu，也就是字典的键。如果想知道价格，可以将表示字典键的变量 order，传递给字典类型的数据 menu。在本例中，将所购菜单的价格乘以 1.08，计算出包括消费税在内的金额。

while 语句

除 for 之外，还可以用 while 这个关键词进行循环。while 这个单词在英语中是“在……之间”的意思。首先来看一下代码格式。

格式

```
while (条件表达式):
tab 重复执行
```

while 的用法比 for 简单一些。让我们编写并运行一个实际的程序来试试看吧。

console

```
>>>counter = 0 ↵
>>>while (counter < 5):
... tab print(counter)
... tab counter = counter + 1
... ↵
0
1
2
3
4
```

我们按步骤来看一看。首先，在定义 counter 后写 while，然后是条件表达式。

```
while (counter < 5):
```

这个条件表达式与 3.1 节中描述的条件表达式相同。因为只要条件表达式为 True，while 语句就会重复执行，在本例中，只要 counter 小于 5，就一直循环。为此，每次执行过程时，都会在 counter 上加 1，这样过程就会循环 5 次结束。

死循环

你可能已经注意到了，如果不在 counter 上加 1，循环就会无限期地重复。这就是所谓的“死循环”。死循环不仅会给我们带来麻烦，对计算机来说负担也很大，所以大家要注意避免。不过，即使不小心进入了死循环，也可以通过同时按下键盘上的 Ctrl + C 键（或者 Mac 系统中的 Control + C 键）来中断程序进程，所以记住这一点就没问题。只要知道如何阻止它，你就不会害怕死循环了，让我们来试试下面的例子吧。因为屏幕上一直出现同一个字符，所以你或许看不出来，但事实上屏幕上的 0 是一直以极快的速度不断出现的。

console

```
>>>counter = 0↵
>>>while (counter < 5):↵
... tab print(counter)↵
0
0
…省略
0
0
^C0 ●———————— 在这里中止死循环
Traceback (most recent call last):
    File"<stdin>", line 2, in <module>
    KeyboardInterrupt
```

我们有时会有意地将死循环与 break 结合起来使用。

break 语句

先来解释一下到底可以用 break 做什么。虽然话题转变有些突然，不过你是否听过“无限战斗”这句话呢？让我们试着用程序来表达这句话。用刚学过的 while 来做个“无限战斗”试一试。把 while 的条件表达式写在( )中，然后在这里写一个 True 的表达式。这将确保循环始终重复。接下来将创建一个无限次显示“战斗”的程序。因为真的是无限的，所以当你厌倦的时候，可以按 Ctrl + C 键停止循环。

```
>>>while(True):↵
... tab print('战斗')↵
... ↵
战斗
战斗
…省略
^C 战斗 ———————— 在这里停止循环
Traceback (most recent call last):
  File"<stdin>", line 2, in <module>
  KeyboardInterrupt
```

我们试着在程序中表达了“无限战斗”。不过，接下来要写的不是“无限战斗”，而是“力战到底”。

在力气耗尽的时候停止战斗。为了表达这一点，将修改前面的程序，在while循环中加入一个break。程序中有break也可以正常运行，但当它通过这个break时，循环就会停止。试着运行以下程序吧。

```
>>>while(True):↵
... tab print('冲')↵
... tab print('踢')↵
... tab break↵
... tab print('必杀技')
... ↵
冲
踢
```

解说

首先，在第一行写一个while，然后设条件表达式为True，使其陷入死循环。然后，从上至下依次写上“冲”“踢”“必杀技”，但在“必杀技”前写入break。当运行这个程序时，就只会表示“冲”和“踢”了。换句话说，即使是死循环，也可以通过break中止。这种写法，程序未进行一次循环，而是在写有break的地方中止运行。

不过，正如之前所说，这次想写的是“力战到底”。只要将现在的程序进行一点修改，就可以实现我们的目标。这就是3.1节中介绍的“条件判断”再次发挥作用的地方了。如果你把3.1节学得很透彻，就应该知道此时使用什么样的条件。正如你所想的，我们将“如果没有力气”当作条件。想要使用这个条件的话，就必须定义“力”。用变量power来定义它，每次使用“冲”“踢”“必杀技”的时候都将各消耗1个单位的力。

```
>>>power = 2↵
>>>while(True):↵
... tab print('冲')↵
... tab print('踢')↵
... tab print('必杀技')↵
... tab power = power -1↵
... tab if (power == 0):↵
... tab tab break↵
...↵
冲
踢
必杀技
冲
踢
必杀技
```

在显示每次的攻击后，将power-1的值存放在变量power中。

```
power = power -1
```

每出一拳、踢一脚和使用必杀一次必杀技都会减少1个单位的力量。如果不设置这个条件的话，程序就会陷入死循环。

在第7行的条件语句中，如果power变为0，则执行break结束循环。如此一来，就可以用程序表示出每进行两轮这样的进攻，就会力竭。本例使用了while语句进行说明，当然也可以在for循环中使用break。

◆ continue

可以使用 continue 跳过本次循环。之前的 break 语句即使循环还未结束，也可以中止程序，而 continue 语句将执行剩下的循环。接下来将看看如何在 for 循环中使用 continue。

在下面的程序示例中，设置一个有三个孩子的家庭。在变量 family 中存放孩子的名字。然后用 for 循环对每一个孩子进行操作。

console

```
>>>family = ['ryu-ko', 'mako', 'satsuki']↵
>>>for kid in family:↵
... tab print('早上好' + kid)↵
... tab print('起床')↵
... tab print('早饭')↵
... tab continue↵
... tab print('去学校')↵        ← 跳过本句
...↵
早上好! ryu-ko
起床
早饭
早上好! mako 起床
早饭
早上好! satsuki
起床
早饭
```

在第6行里写入了 continue。正是因为程序中插入了 continue，最后的 print（‘去学校’）并没有执行。这样，当希望在程序中跳过 continue 后的语句，直接执行下一次循环时，可以使用 continue。比如在条件判断语句中，周末的话可以使用 continue，平时打印出“去学校”，但是在周末就可以不用“去学校”了。当然 continue 在 while 循环中也可以使用。

另外，如果把这个程序中的 continue 改写成 break，就意味着 ryu-ko 在“起床”，吃完“早饭”后程序就终止了。

总结

我们学习了通过 for 或者 while，用同样的程序反复执行某个操作。

◆ **当想用 for 进行一定次数的循环时**

格式

```
for 变量 in range(循环次数)
tab 想要重复执行的过程(变量从 0 开始依次编号)
```

◆ **当想对列表类型中的每个数据重复相同的操作时**

格式

```
for 变量 in 列表类型
tab 想要重复执行的过程(列表中的元素存入变量)
```

◆ **当想对字典类型中的每个数据重复相同的操作时**

格式

```
for 变量 in 字典类型
tab 想要重复执行的过程(字典的键存入变量)
```

◆ **当想用 while 在某一特定条件内来进行循环时**

格式

```
while (条件表达式)
tab 想要重复执行的过程
tab 条件变更
```

◆ **当想在中途中止进程时**

格式

```
循环中:
tab break
```

◆ **当想在中途跳过进程时**

格式

```
循环中:
tab continue
```

关于 Python 缩进

强制缩进是 Python 语言的一个关键特征。在主要的编程语言中，很少有其他语言强制要求缩进。这个“缩进”是我如此喜欢 Python 的原因之一。虽然当你在写一个行数不多的程序时，不会有太多的感觉，但对于开发人员多、代码行数多的程序来说，缩进的好处是很大的。

每一种编程语言，包括 Python，都有自己的规则和语法限制。语言的限制性越小，自由度越大，写法就越多。同样的功能，根据每个人喜好的不同，编写的程序可能完全不同。所以像 Python 这样的程序，强制性地缩进，不管是谁写的，一致性很高，所以很容易阅读。你可能认为程序员就是一直写程序的，但他们读别人的程序和写程序的机会一样多。另外，“即使是程序员，自己写的程序过上三个月也忘得差不多了，看起来就跟别人写的程序一样”。因此，你应该以一种任何人，包括未来的自己都能读懂的方式来编写程序。基于这些原因，我认为像 Python 这样把缩进作为一种语言规范来执行是一件好事。

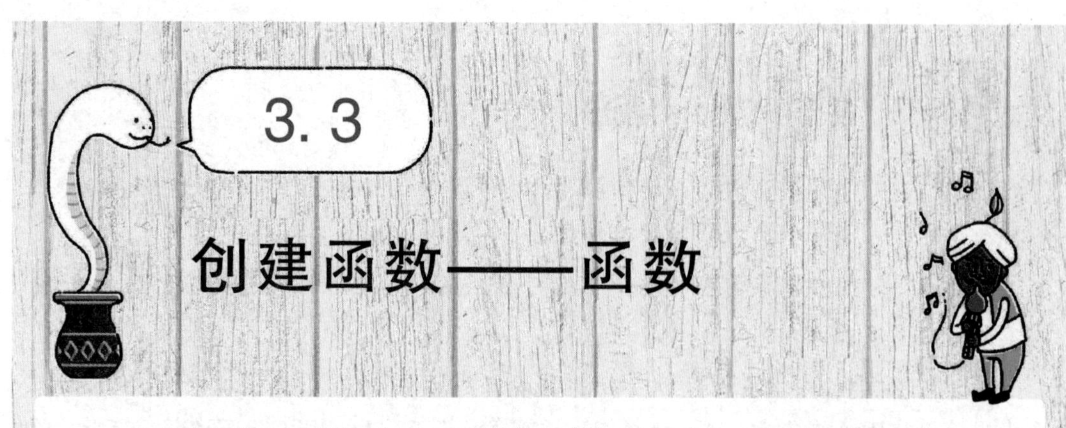

编程具有称为函数的功能。函数将多个过程组合在一起，以便以后可以调用。我会像往常一样用一个简单的例子进行解释。

函数是什么

大家知道全自动洗衣机/烘干机吗？这台机器可太棒了，加入衣服和洗涤剂，只需按一下按钮，即可完成从清洗到烘干的所有工作。我们来想象一下洗衣机内部都发生了什么。

洗衣机内部发生了什么？

1. 注水。
2. 转动滚筒，将衣服打湿。
3. 为了能洗干净衣服，滚筒正反方向旋转。
4. 为了能清洗掉洗涤剂，多次注水和排水。

5 注水结束后，为了能够甩干衣物，洗衣机滚筒高速旋转。

6 脱水结束后，喷出热风转动滚筒将衣服烘干。

洗衣机中的细节我们不得而知，但全自动洗衣机似乎做了这些事情。你可能会有疑问：为什么要使用洗衣机这个例子？在这里想说的是对于一台全自动洗衣机，使用它的人每次只需按几个按钮就可以完成洗涤和烘干的任务，而不必掌握每一步的细节。这意味着，洗衣机工程师创造出了可以干净地洗涤衣物的程序，只需要按动一个按钮就可以实现全部的功能。

如同洗衣机一样，在编程中，将多种操作集成到一起的功能称为函数。在程序中，调用并使用该函数，就像通过触摸洗衣机上的按钮来执行各种处理一样。

函数的创建方法

首先看一看函数创建的格式。使用关键字 def 创建函数。在 def 之后，添加上关键字以外的函数名。def 来自英语单词 define，意为“定义函数”。然后在函数名称后加上( )。稍后将解释为什么需要( )。现在只需要记得写上( )，最后在第一行的末尾添加一个：（冒号）。

格式

```
def 函数名
tab 操作 1
tab 操作 2
.
.
.
```

从第 2 行开始，在左端加一个空格，添加函数的内容。这里暂且列出了操作 1 和操作 2，后面大家可以根据实际需要添加任意数量。如果处理步骤变得过多，程序将变得难以识别，请多加注意。

函数的调用方法

让我们使用上述格式编写一个可以实际运行的程序吧。就像在开头介绍的洗衣机的处理模式那样，首先编写 def 关键字并编写函数的名称。这里把它命名为 washingMachine（洗衣机的英文）。所有的操作均通过 print 函数依次写入。

定义函数后，来调用此函数。调用函数的方法很简单，只需在函数名称后写上( )并执行它即可。接下来运行下面的例子。

console

```
>>> def washingMachine():↵
... tab print('注水')↵
... tab print('洗涤')↵
... tab print('漂洗')↵
... tab print('脱水')↵
... tab print('烘干')↵
... ↵
>>>↵
>>>washingMachine()↵        ——调用函数
注水
洗涤
漂洗
脱水
烘干
```

调用函数后，在函数中被定义的作为处理步骤的洗衣机的操作就会被确认。该功能的便利性在于，一旦编写了洗衣机的处理程序，稍后按下洗衣机的按钮时，就可以通过调用它来执行多次处理。因此当多次重复进行某个操作时，可以通过将其集合为一个函数，以此来减少程序中的步骤，从而使程序更简洁，更易于阅读。

函数的不同调用

到目前为止我们了解到，函数具备稍后一次调用多个预定义进程的功能。除了做完全相同的事情外，还可以根据不同情况对它进行编程，以执行不同的任务。在这里“根据不同情况执行不同的操作”可能有些难以理解，因此，再次以洗衣机为例进行说明。

例 写一个“洗涤函数”

当然，这并不是让我们真正去洗衣服。这次对洗衣的“模式”进行编程。大家平时可能穿着需要轻柔洗涤的衣服。因此，类似于之前的“洗衣机函数”，让我们创建一个轻柔洗涤即 softWash 函数。

```
>>>def softWash():↵
... [tab] print('注水')↵
... [tab] print('轻柔洗涤')↵
... [tab] print('漂洗')↵
... [tab] print('脱水')↵
... [tab] print('烘干') ↵
```

在这里只是对它进行了定义，所以不会显示内容。但是这次开发了一个轻柔洗涤的模式，与此同时，之后想去除顽固污渍的时候，也可以再开发一个强力洗涤的模式。这时该函数的制作方法与以前的函数开发过程相同，但仅将要清洗的部分更改为“强力洗涤”。

◆ 使用条件判断写一个处理语句

你是否注意到我们写了很多次同样的语句？继续保持这样也可以，但是我们有更方便的方法来编写它。使用在3.1节中学习的条件语句，仅仅更改“轻柔洗涤”“普通洗涤”“强力洗涤”这三个内容。我们要将清洗方法写入 mode 这个函数中，为此首先来编写条件语句。

```
>>>mode = 'soft'↵  ——————————— 设定轻柔洗涤模式
>>>if (mode == 'soft'):↵
... [tab] print('轻柔洗涤')↵
... elif (mode =='hard'):↵
... [tab] print('强力洗涤')↵
... else:↵
... [tab] print('普通洗涤')↵
... ↵
轻柔洗涤
```

在 mode 中写入 soft 模式后，就写了一个条件语句。如果模式为 soft，就意味着“轻柔洗涤”。如果模式为 hard，意为“强力洗涤”。除此之外，还有一个“普通洗涤”的模式。但是这次由于从一开始就将模式设置为 soft，因此无论如何执行这个语句，结果都会是“轻柔洗涤”。

◆ 在函数中写入条件语句

接下来尝试将条件语句编写到函数中并执行它。必须要考虑的一件事是如何更改函数中写入的 mode 模式。即使将之前写过的条件语句一字不落地写入函数中，也不会改变 mode 的模式。这时就需要使用“参数”这个概念了。参数是一种允许在调用函数时传递数据的机制。用语言来解释的话将很难理解，因此我会在实际编程中对其进行解释。

console 定义函数

```
>>>def washingMachine(mode):↵
... tab print('注水')↵
... tab if (mode == 'soft'):↵
... tab print('轻柔洗涤')↵
... tab elif (mode =='hard'):↵
... tab tab print('强力洗涤')↵
... tab else:↵
... tab tab print('普通洗涤')↵
...↵
```

或许前面的内容太长，但是成功写好了一个“洗衣机函数”。接下来调用这个函数。在调用它的时候，在函数的( )中作为参数添加‘soft’或‘hard’并且执行，将会输出相对应的结果。在这里，这种“通过在( )中放入参数来执行”在编程中被称为“传递数据”。

解说

在第一行中，在 washingMachine 后面的( )中写入了 mode。

```
def washingMachine(mode):
```

在调用函数时，将参数传递给变量，这个变量就叫作 mode。这样，通过在定义函数时一起定义参数，就可以在调用函数时传递数据。在这里，我们调用如下函数。

```
washingMachine('soft')
```

在函数名后面的( )中写入'soft'并执行。当我们在 washingMachine 的( )中写入字符串 soft 并执行它时，结果将显示为“轻柔洗涤”。

按照事情发生的前后顺序来排列，从上往下依次是这样的。

1. 首先，执行 washingMachine（'soft'）函数。
2. 字符串 soft 的数据将传递给函数。

3 进入一个名为 mode 的变量。

4 输出结果为（'注水'）。

5 在条件语句 if 中，将输入到变量 mode 中的数据与 soft 进行比较。

➡ 如果相同将会执行 print（'轻柔洗涤'）。

➡ 如果变量 mode 中输入的不是 soft，则进行下一步。

6 接下来将会与 hard 这个字符串进行比较。

处理方法与目前为止所学的条件语句处理方法相同。

Console 传参的同时调用函数

```
>>>washingMachine('soft')
注水
轻柔洗涤
>>>washingMachine('hard')
注水
强力洗涤
```

如果没有输错'soft'和'hard'的话，则会看到上面的内容。如果传递'soft'和'hard'以外的数据并且调用它的话，则会看到以下内容：

Console

```
>>>washingMachine('normal')↵
注水
普通洗涤
```

正如在条件语句中学习到的那样，条件在 else 处分开，并执行了 else 处的语句。如果记得不清楚或者忘记的话，请好好复习 3.1 节的内容。

这次作为示例，我定义了一个名为 washingMachine 的函数以及一个名为 mode 的参数，实际上也可以设置两个或三个参数。

函数返回值

除了调用后处理传入的参数以外，函数还有一个重要的功能：返回数据。它不仅仅是执行后显示结果，还会返回（传递）数据给我们。这么说或许还是难以理解。接下来将在程序中详细解释。

例 计算圆面积的函数

让我们用刚才学习的参数创建一个计算圆面积的函数。传入一个半径作为参数，这个函数将返回圆的面积。

函数的定义

```
>>>def area(radius):↵
... tab result = radius * radius * 3.14 ↵
... tab return result ↵
... ↵
>>>
```

函数的名称是 area（面积），参数是 radius（半径）。π 取到小数点后两位，即取 3.14。求圆的面积的公式是：

$$半径 * 半径 * 3.14$$

因此，在第 2 行中，按照这样写出公式，并将答案定义成一个名为 result 的变量。现在我们有了一个函数。试着使用这个函数。传递 5 作为参数来调用函数。

调用函数

```
>>>area(5)↵
78.5
```

显示为 78.5。也就是说半径为 5cm 的圆的面积是 78.5cm^2。

解说

第 3 行出现了一个新的关键词，return。

```
... tab return result ↵
```

return 的意思是“返回”，负责在调用函数时返回 return 右边的数据。事实上，当调用 area 函数时，返回了答案 78.5。

当使用一个返回数据的函数时，可以像前面的例子一样，立即显示数据，也可以把返回的数据放到一个变量中。我们来看下面程序中的一个具体例子。

Console

```
>>>small = area(5)↵
>>>big = area(10)↵
>>>print(small)↵
78.5
>>>print(big)↵
314.0
```

在第1、2行中，将半径为5的小圆的面积设为small，半径为10的大圆的面积设为big，并将各函数的结果设为变量。这样，函数调用返回的数据在编程上称为返回值或返还值。在本书中，统一称其为“返回值”。以后还会使用这个名字，请大家牢记。

内置函数

到目前为止，已经学习了如何定义和调用函数，以及函数的参数和返回值。最后将学习内置函数。“内置”这个词听起来很难，但换句话说，内置函数是指不用我们事先定义就可以使用的函数。以下是一些最常用和最便利的函数。

◆ len()

len函数返回作为参数传入的数据的长度和元素数。可以通过如下方式使用它。

Console 数出字符个数

```
>>>len('thunderbolt')↵
11↵
```

Console 数出元素个数

```
>>>animal = ['cat','dog', 'duck']↵
>>>len(animal)↵
3
123
```

len是length的缩写，顾名思义，它是一个计算“长度”的函数，第1个例子返回字符串数据thunderbolt的字符数，第2个例子返回列表类型数据animal中的元素数。

◆ max()、min()

你或许能通过名字想象出它们的功能。max函数返回参数中最大的数据，min函数返回最小的数据。

Console

```
>>>max(100,10,50) 100↵
>>>min(300,30,3000)↵
30
```

它不仅支持数字，还支持字符串。它到底会返回什么呢？我们来看一个实例。

Console

```
>>>max('thunderbolt')↵
'u'
```

正如你所看到的，max 函数打印出最接近字母“z”的字符，min 函数打印出最接近字母“a”的字符。

也可以使用字母和数字混合的字符串。

Console

```
>>>min('1Aa')↵
'1'
>>>max('1Aa')↵
'a'
```

结果的显示顺序是数字>大写字母>小写字母。

◆ sorted( )

sorted 函数对传入的数据进行排序，并以列表类型返回。排序顺序与上一节的 max 函数和 min 函数相同：数字>大写字母>小写字母。

Console

```
>>>sorted('thunderbolt')↵
['b', 'd', 'e', 'h', 'l', 'n', 'o', 'r', 't', 't', 'u']
>>>sorted('1Aa')↵
['1', 'A', 'a']
>>>sorted([100, 95, 55, 78, 80, 78])↵
[55, 78, 78, 80, 95, 100]
```

◆ print( )

之前多次使用的 print 函数，其实是一个内置函数。正如大家所知道的，它是用于表示信息的函数。

```
>>>print(988+12)↵
1000
>>>print('Hey! World')↵
Hey! World
```

◆ type()

Python 包含了许多不同种类的数据，可以使用变量以不同的名称来存储这些数据。想象在交互式 shell 中运行了一会儿程序之后，你可能想不起："这是什么类型的数据？"，想要溯回的话也很麻烦。这时候 type 功能就派上用场了。将我们想要检查的数据作为 type 函数的参数传递给它，就会显示出相应的数据类型了。

```
>>>hatena_1 = 9800↵
>>>type(hatena_1)↵
<class 'int'>          ——数值类型
>>>hatena_2 = 'marshmallow'↵
>>>type(hatena_2)↵
<class 'str'>          ——字符串类型
>>>hatena_3 = ['osomatsu', 'karamatsu']↵
>>>type(hatena_3)↵
<class 'list'>         ——列表类型
```

其中 int 代表数值类型，str 代表字符串类型，list 代表列表类型。如果在写程序时想确认数据的类型，请记住 type 函数。

◆ dir()

dir 函数是交互式 shell 中常用的内置函数。在 2.5 节中，我们介绍了一些针对不同类型数据的便捷方法。当你不记得它们的时候，使用 dir 函数，就可以帮你回忆起来了。

```
>>>string = 'nikuman'↵
>>>dir(string)↵
['__add__', '__class__', '__contains__', '__delattr__', '__dir__',
'__doc__', '__eq__', '__format__', '__ge__', '__getattribute__',
'__getitem__', '__getnewargs__', '__gt__', '__hash__', '__init__',
```

```
'__iter__', '__le__', '__len__', '__lt__', '__mod__', '__mul__', '__ne__',
'__new__', '__reduce__', '__reduce_ex__', '__repr__', '__rmod__',
'__rmul__', '__setattr__', '__sizeof__', '__str__', '__subclasshook__',
'capitalize', 'casefold', 'center', 'count', 'encode', 'endswith',
'expandtabs', 'find', 'format', 'format_map', 'index', 'isalnum',
'isalpha', 'isdecimal', 'isdigit', 'isidentifier', 'islower', 'isnumeric',
'isprintable', 'isspace', 'istitle', 'isupper', 'join', 'ljust', 'lower',
'lstrip', 'maketrans', 'partition', 'replace', 'rfind', 'rindex', 'rjust',
'rpartition', 'rsplit', 'rstrip', 'split', 'splitlines', 'startswith',
'strip', 'swapcase', 'title', 'translate', 'upper', 'zfill']
```

在这个例子中，我们传递了字符串 nikuman 来创建一个字符串类型的变量 string。当把字符串作为参数传递给 dir 函数时，会得到一些输出。这是一个字符串类型所具有的属性列表。如果仔细观察这个列表，可以看到 2.5 节中描述的字符串类型方法，比如 upper 和 count。还可以看到，列表中有很多我们未曾介绍过的方法。例如方法 title 将作为字符串传递的数据的第一个字母大写。使用 dir 函数可以找找看是否有其他你知道的方法可以使用。

而且 dir 函数还有一个有用的用途。试着运行一下没有参数的 dir 函数吧。

console

```
>>>dir()↵
['__builtins__', '__cached__', '__doc__', '__loader__', '__name__',
'__package__', '__spec__', 'hatena_1', 'hatena_2', 'hatena_3', 'string']
```

这次得到了和刚才不同的列表。在列表的底部可以看到 hatena_1 和 hatena_2，这就是前面描述 type 函数时输入的数据。所以通过运行不带参数的 dir，会得到一个可以运行 dir()函数的有效数据列表。正如我们所看到的，当在一个交互式的 shell 中运行各种进程时，屏幕在不停地滚动着，你之后会想："好吧，我在哪个变量中创建了数据?" dir 函数的用途之一是在不传递任何参数的情况下打印出一个使用中的数据列表。

总结

我们已经学会了如何创建和使用一些内置函数。在 Python 的官网上有全部内置函数的相关信息。最好去查看一下有哪些函数，以便在需要的时候能想起它们。

▶ Python 3.5

URL https://docs.python.org/zh-cn/3/library/functions.html

▶ Python 2

URL https://docs.python.org/zh-cn/2/library/functions.html

3.4 意料之外的情况——错误及异常

在此前运行 Python 程序的过程中，因为不小心输入的错误或者操作的错误，或许有人已经看到过报错提示。虽然看到报错的时候心里会咯噔一下，但报错本身其实并不是一件坏事。下面就来研究一下错误提示的内容。另外我们也会学习到“异常”这个概念。接下来让我们深入了解一下吧。

有的人可能会想“报错还可以理解，异常是什么?”这两点稍微有些难以理解，但也不用想太多，我们先从报错来看看吧。

报错是什么

报错是指程序意外停止的现象。如果你想使用 print 函数打印一个字符串，但忘了写最后的'（单引号），将得到以下错误提示。

Console

```
>>>print('hello)↵
  File"<stdin>", line 1
    print('hello)
                ^
SyntaxError: EOL while scanning string literal
```

虽然它们统称为错误，但也有许多不同的类型。我们来看看 Python 程序中可能出现的一些错误。

错误的种类

在 Python 程序中主要有两种类型的错误：一种是 Python 语法（编写规则）出错时发

生的错误，另一种类型是 Python 运行时数据无法正常处理的错误。

1. 当 Python 语法（编写规则）出错时。

2. 当 Python 运行的数据无法正常处理时。

◆ **当 Python 语法（编写规则）出错时**

第一个错误是语法错误，如本节开头所示，它违反了编写 Python 程序的约定语法。错误信息提示为“SyntaxError”。Syntax 的意思是“语法”。当你得到一个时，一定要仔细检查，看看是否忘记了什么，比如'（单引号）和()括号。尤其是结尾的小括号 ）很容易被忘记。

Python 的错误信息（因为是机械地判断，所以判断结果并不一定准确）会以一个带^符号的箭头的形式提示出可能的错误，可以以此为参考来纠正错误。

◆ **当 Python 运行的数据无法正常处理时**

第二种错误发生在执行过程中无法处理数据时。这个“执行过程中”点明了主题，换句话说，“能够让程序正常执行的都不算错误”。我们来看看程序中的内容吧。

如果在程序中用 print 函数打印 hello，却误写成 prin，自然会导致错误。

```
>>>prin('hello')
Traceback (most recent call last):
  File"<stdin>", line 1, in <module>
NameError: name 'prin' is not defined
```

错误信息为 NameError: name 'prin' is not defined。这句话的意思是：我们试图执行程序中描述的函数 prin，但由于没有定义名为 prin 的函数，程序不能做任何事情。

再来看看下面的程序。

```
>>>if (False):
... tab prin('hi! ')
...
```

和上一个例子不同的是，程序虽然试图执行一个名为 prin 的函数，但并没有出现任何报错。这是因为 prin 上面的条件语句总是 False 的，所以程序并没有执行 prin。

错误可能以各种方式发生，但在所有情况下，错误的原因都会在底部列出。当发生错误时，你可能会惊讶地看到一次超过三行的英文信息，但还是要养成先阅读底部信息内容的习惯。

异常是什么

我们刚才讨论的两个错误中的第二个错误叫作异常，也就是在执行过程中无法处理数据的错误。此外，还有许多不同类型的“异常”情况。因为数量太多，无法在本书中一一介绍，但都有英文记载，如果遇到错误而不确定原因，那么这几页应该能帮你解决。

▶ Python 3. 5 英文 Document

URL https：//docs. python. org/zh – cn/3. 5/library/exceptions. html

▶ Python 2. 7 简体中文 Document

URL https：//docs. python. org/zh – cn/2. 7/library/exceptions. html

异常的处理方法

本节介绍如何处理异常。事实上，有一定规模的程序几乎都不可能不出现异常和错误。首先，你应该知道，异常情况是常见而且经常发生的。然而，如果对“经常发生的异常”视而不见，置之不理，程序就会停止运行。

◆ **处理异常情况**

关于如何处理异常，大概的解释是，当异常可能被抛出，或者当异常真的被抛出时，不应该直接停止程序，而应该在异常发生时发出一条消息，或者将异常记录下来，不改变执行动作。在进入详细的说明之前，先来看看它的书写格式以及在真实程序中的工作原理。

异常处理方法的使用

为了在 Python 中处理异常，可以使用 try： ~ except：关键字。其格式如下：

格式

```
try:
tab 进程 A（可能导致错误的过程）
except :
tab 进程 B
```

在过程 A 上面的一行写上 try，在下面的一行写上 except，然后系统在进程 A 中抓取到一个异常，并在 except 下面执行进程 B。这个“抓取”就像抓住了发生的错误，并试图停止程序。上述过程称为异常处理。

Fig 如果没有抓到异常， 就会得到一个错误。

在实际的程序中，按照前面的格式，是这样写的：

console

```
>>>try:↵
... tab prin('异常处理')↵
... except:↵
... tab print('抓取到异常')... ↵
抓取到异常
```

在第 2 行中，用关键字“try”来描述引发 NameError 异常的过程，这是在开头介绍的。我们把 print 写成了 prin。这个失误导致了一个异常的产生，但是因为把它写在了 try 中，所以异常被抓取了，并且执行 except 下的处理。结果，不打印“异常处理”字符串，只打印“抓取到异常”字符串。系统没有报错。

异常处理的应用场景

这是个稍微高级一点的话题。在这个例子中，用了一个异常处理的例子来捕捉 print 函数的拼写错误，但是这个错误应该通过纠正 print 的拼写来处理，而不是通过异常处理来防止。

那么我们就会想“什么时候写异常比较好呢?”这个问题的答案之一是“外部互动处理”。虽然现在只是学习了一些 Python 语法，运行一下自己写的小程序，但随着学会的程序越来越多，越来越复杂，越来越长，就可以用自己的程序在互联网上运行或下载图像文件。这样，当你的程序与外界（另一个程序、另一台计算机等）进行通信时，根据对方的程序和环境，可能会发生意外的异常。在这种情况下，需要 编写异常处理来防止程序中途停止。你应该写异常来提示错误。

异常处理有一些不好的用法。下面是一些不良用法的例子。

❶ 一个程序对它抓到的异常不做任何处理，就像没有问题一样。

❷ try ~ except：的部分很长。

我们来看看❶的例子在实际操作中的表现。

Console

```
>>>try:
... tab orin ●————        错误代码1
... tab prin ●————        错误代码2
... except:
... tab print('请放心,没有问题')
...
请放心,没有问题
>>>
```

当程序出了问题，实际上并没有正常运行，但还是提示“请放心，没有问题”。在这个例子中，因为用了容易理解的简化例子，使它看起来像一个笑话，但在实际开发中的确可能发生这种情况。这使得不管程序是不是真的写错了，从表面上看，它并没有引发任何异常。这种抓取了异常，但又让它看起来好像没什么问题的方式叫作“异常搁置”。这种做法能应付一时，但最终可能导致一个大问题，这是非常危险的程序。

在❷这种程序中，虽然别人也能意识到“好像有点问题”，但即使读了这段代码，也很难找到具体是哪里出了问题。虽然知道是在 try ~ except：之间有不对的地方，但具体是哪一行不对，需要改哪里，不测试一下是没办法知道的。如果是小规模的程序还好，但是代码量达到千万行的程序出现这种问题就会让人很头疼。在学习的时候不需要那么小心翼翼，但是在开发的过程中，就需要写出一个别人（包括未来的自己）容易看懂的程序。

从异常处理中读取内容

到目前为止，我们已经解释过，当发生异常时，需要编写异常处理，以便程序能够适当地处理它。那么什么是“适当地处理”呢？答案之一是“获取异常的内容，并将其存储在日志中或以消息形式显示”。本节将介绍捕获异常后该如何处理。

试着运行以下程序。

Console

```
>>>try:↵
... tab prin('a')↵
... except Exception as e:↵
... tab print(e.args)↵
... ↵
("name 'prin' is not defined",)
```

异常本身是 prin，这是打印中最常见的错误之一，但我们在异常后面增加了一个新的关键词 Exception as e。这就是所谓的“捕获 Exception 类型的异常，并将捕获的数据设置为变量 e”。设定向 e 的 args 中放入错误信息。所以，我们可以打印 e. args 来查看错误信息。如果消息是被记录的，可以回看日志找到错误，如果是在应用程序中执行的话，可以在弹出的窗口中显示消息，告诉用户错误的内容。关键是这些过程可以在不停止程序的情况下进行。

总结

一个程序可能包含异常（错误），所以需要使用异常处理将“适当地处理”过程记述下来。

格式 **异常处理的格式**

```
格式
try:
tab 进程 A (发生错误的进程)
except Exception as e:
tab 进程 B
tab print(e.args) (当想知道异常内容的时候)
```

第 4 章　高效编程应用篇

如果掌握了前三章的知识，就可以快速地写出 100 行或 200 行代码。不过，如果有办法通过有效的编写把长的程序简化缩短，那就更好了。在本章中，我们将学习如何使用这样一个高效的编程方法和标准库，写出更有实践意义的程序。

Python 有一个叫作“类”的特性，它可以将数据和数据处理的程序归纳在一起。而在类内，也有各种功能和规则。可能一下子难以理解，但不用担心。在此前的章节里，已经在使用类了。这意味着，即使不知道类的存在，也仍然可以使用它们。

本章的目标是认识到自己一直在不知不觉中使用的“类”的存在，能够使用它们，并且能够自己创造新的“类”。

类是什么

在创建一个类之前，首先要了解什么是类？换句话说，一个 Python 类可以被称为“数据设计图”。这个设计图里描述了数据的特征及其功能。

Fig 设计图与产品

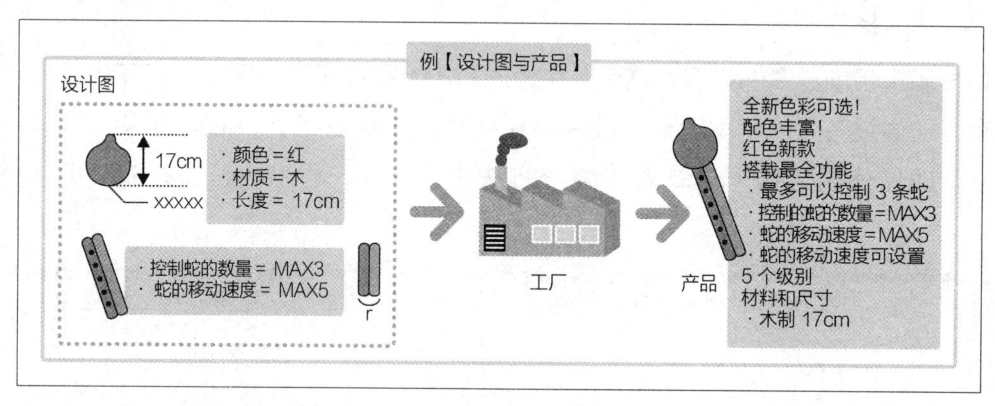

在第3章讲解函数的时候，我们说过，函数之所以存在，就是因为它很方便，因为可以把几段程序归纳在一起，想用的时候可以很简单地调用。也可以用同样的方式解释类的好处，但类是一个比函数更大的概念。可以在一个类中拥有任意多的函数。

或许有人会想"函数的集合就叫作类吗?"这并不是完全错误的，但一个类中不仅可以有函数，还可以有变量。用目前讨论过的编程术语来描述，类可以说是变量和函数的集合。

Fig 类中有任意多个函数

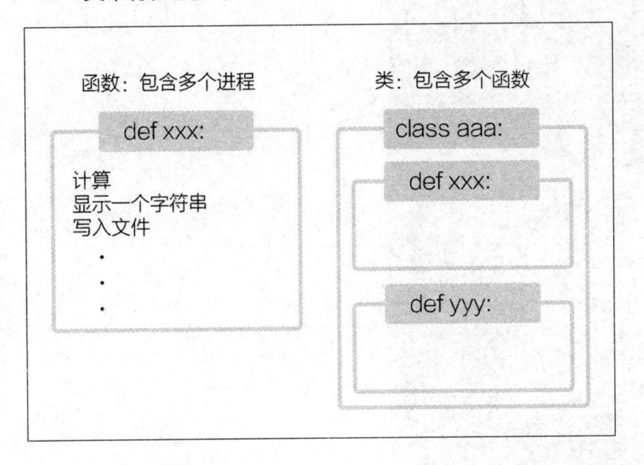

Fig 类包含变量和函数

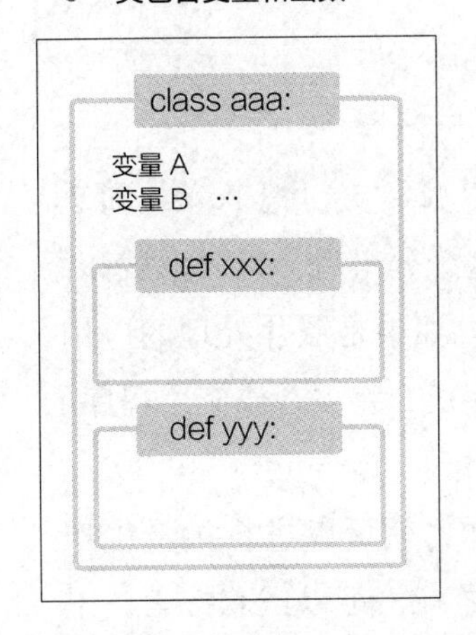

类的优点

我们讲过一个类是变量和函数的集合。下面是两个简单的例子，用来说明类对我们的帮助，以及使用类给编程带来的乐趣。

第一，随着程序的发展，可以将程序的全貌整理出来，组织成有意义的集合体。想象一下，面对一个多人参与的大项目，当你刚加入它并且想创建一个新的功能时，首先要读取现有的程序。

大家读过现有的程序吗？或许有些人知道，就像文章一样，有些程序很容易看懂，有些则比较难懂。如果一个程序易于阅读和组织，那么当你想改变功能时，很容易知道在哪里增加新的功能，在哪里重写程序。

如果你从来没有读过程序，想象一下管理一个智能手机的应用。如果你安装了很多应用，除了最常使用的应用外，会花上一些时间去寻找那些只会偶尔使用的应用。

Fig　智能手机的文件管理功能

如果把每个文件夹命名，比如把 Instagram 放到“照片 app”文件夹，把 Twitter 和 Facebook 放入“SNS”文件夹，以后找起来就更方便了。创建了这个分组后，以后下载和添加新的应用时，如果是 SNS，就直接添加到“SNS”文件夹中，如果是照片处理的应用，就添加到“照片 app”文件夹中。在这里将整个程序看作智能手机，将类看作应用程序的文件夹，将函数看作应用程序。

第二个涉及我们刚才所说的类作为设计图。当有了设计图，就可以进行批量生产。比如说大家都是做射击游戏的程序员。如果不知道什么是射击游戏，可以试着搜索一下。简单来说，这是一款历史题材的游戏，在游戏中，大量的敌方战斗机发起了攻击，你要驾驶我方战斗机去摧毁敌人的老巢。当我们要制作这款射击游戏时，首先需要量产的是敌机。这些敌机的参数有耐久度、攻击力、移动速度等，并且还有射出子弹的能力。耐久度等参数设定为变量，射出子弹的功能设定为函数，可以将这些归为一个“敌机类”。这些变量和功能被组合成一个单一的敌机类（设计图），可以用来创建大量的新敌机。

Fig 射击游戏中敌机的参数和功能分别是变量和函数。

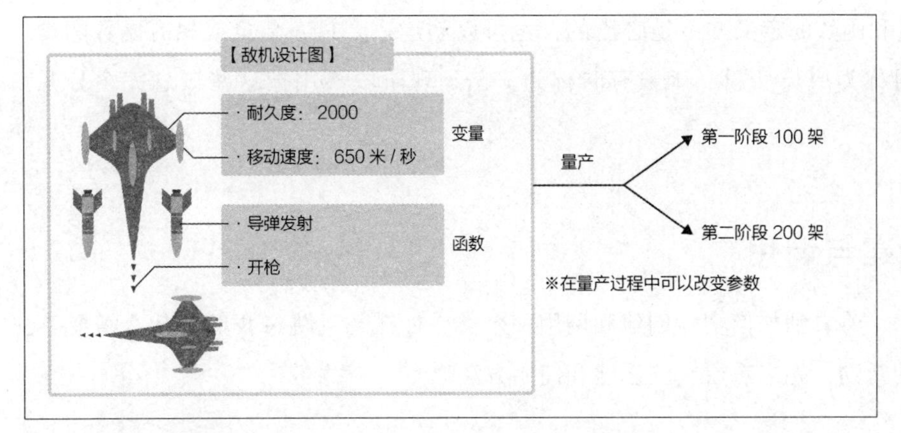

如果对类没有更深入的了解，可能对第二点理解起来比较困难，不过只要有“类是这么回事”这种认识就可以了。

创建类的准备工作

到目前为止，我们介绍了类是数据的设计图。要想学会创建类，就要学会设计图的描绘方法。接下来将在检查完书写格式之后，看看如何从设计图出发构建一个产品，并在实际程序中使用。

设计图是描述如何创建一个产品（程序）的图纸。为了使产品能够使用，要按照它来打造产品。在编程的世界里，由设计图做出的实际产品叫作“实例”。创建实例的过程又叫作“实例化”。这些单词比较难记，可能一下子记不住，但是要尽量循序渐进地去记，每次遇到的时候都确认一下它的意思。

Fig 设计图 -> 产品为类 -> 实例

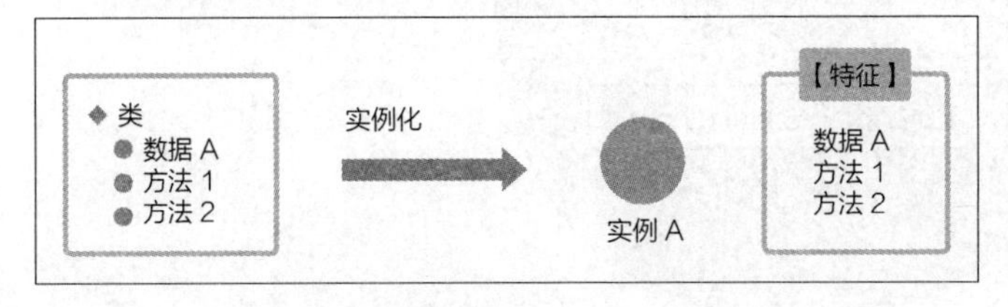

我们已经讨论过类的概念，它是一个程序的设计图，包含了变量和函数。首先来看看类的书写格式。以下是一个类的定义：

格式
```
class 类名:
tab 变量的定义
tab 函数的定义
```

首先，需要写下关键字 class，后面是要创建的类的名称。之后，需要定义变量和函数。另外，变量和函数的定义并不是必需的，也可以创建一个只有变量或只有函数的类。类中的变量有时称为成员变量，函数有时称为方法。现阶段不用把这些概念完全分开，但要记住它们。

类的创建与调用

在这一节中，将看到如何实际创建和调用一个类。现在暂且跳过我们为什么需要类，以及它能带来的帮助，先来看看它的创建和使用方法吧。

console

```
>>>class fruit:↵
... tab color = 'red'↵
... tab def taste(self):↵
... tab tab return 'delicious'↵
... ↵
>>>
```

首先，创建一个名为“fruit”的类。将变量 color 设置为 red，并定义了一个名为 taste 的函数。这里有一点需要注意，在函数定义中，传入了参数 self，但在函数的处理过程中并没有使用 self。第一眼看上去似乎是一个错误，但当我们在一个类中定义一个函数时，就需要使用 self。至于细节可以以后再谈，现在只要记住我们需要它。

现在赶快来调用生成的 fruit 类吧。请试着运行以下程序。

Console

```
>>>class fruit:↵
... tab color = 'red'↵
... tab def taste(self):↵
... tab tab return 'delicious'↵
...↵
>>>apple = fruit()↵
>>>apple.color↵
'red'
>>>apple.taste()↵
'delicious'
```

实例化来使用 fruit 类

在第1行～第4行定义了 fruit 类后，准备在第6行使用这个类。还记得开头说过的“一个类就是一张数据蓝图”的比喻。根据数据的蓝图，来开展生产工作。制作产品的过程非常简单：只要将类名设置为变量 =（等于）类名即可。这样就完成了产品的组装。

变量（本例中为 apple）成为产品，可以按照设计图中写的方法进行操作。将 apple 用 .（点）与 color 相连，表示 fruit 类中的变量，并且可以从 apple 中调用函数 taste()。

由于类是一个设计图，所以必须像本例中那样“组装”后才能使用。我们之前讲过，这种“组装”在编程上称为实例化，“组装后的产品”称为实例。要记住这一点。

对象

对象，一言以蔽之，即是“数据和方法的集合”。在 Python 中，一个对象可以被描述为一种数据类型。我们以数据类型中的一种字符串类型为例来说明这个“数据和方法的集合”。

```
color = "green"
```

将字符串“green”设置为变量 color。正如在2.5节中所学到的，color 的数据类型是一个字符串。而在这个例子中，字符串变量 color 可以称为一个“字符串对象”，具有字符串类型的数据和字符串类型的方法。这意味着 color 有一个叫作“green”的字符串数据，同时它也有字符串类型特有的方法。让我们来试一试字符串类型方法中的一种，count 方法。

Console

```
>>>color = 'green'↵
>>>color.count('e')↵
2
```

在第 1 行的 color 变量中设置字符串 green，生成一个字符串类型的对象 color。在第 2 行中，使用了字符串类型的方法 count。count 是一个计算字符串类型中作为参数传递字符数的方法。在这个例子中，我们看到字符串 green 中有两个 e。另一个方法 upper，可以用来返回一个大写的字符串。

Console

```
>>>color = 'green'↵
>>>color.upper()↵
'GREEN'
```

我们刚刚示范了字符串类型的 count 方法和 upper 方法，还有其他一些方法。可以想象一下，被设定为字符串类型的变量，既有字符串类型的数据（在本例中是 green）同时又有字符串类型的方法，那么它就成为一个对象。

◆ **关于对象的总结**

出现了不少新名词和新概念，让我们在这里一次整理清楚吧。

▶ 对象是一个有数据和方法的东西。

▶ 数据类型也有数据和方法，可以称它为对象。

▶ 类也有数据（变量）和方法（函数），可以称它为对象。

方法中的 self 参数

在类中定义方法（函数）时，与之前学的定义函数时不同的是，有一个“规则”需要遵守。那就是需要在方法（函数）的第一参数中加上关键字 self。第一参数是方法（函数）的( )中最左边的参数，即方法（函数）的第一个参数。

这是个规定，我们必须遵守，但如果不写的话会怎么样？而且明明是同样的函数，为什么一变成类就需要 self 呢？以下来逐步进行讨论。

例 雇一个零工

我们以一个餐厅兼职管理的系统为例。首先，来创建一个类“staff”管理兼职工作。这次就简单地定义一个 salary 函数，来显示一个员工的工资为 10000 日元。

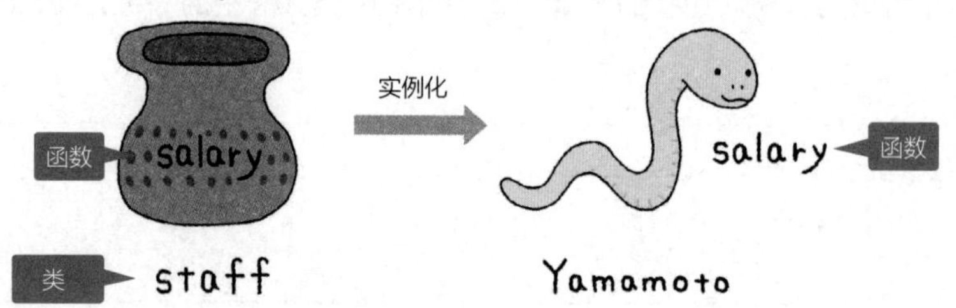

Console

```
>>>class staff:↵
... tab def salary():↵
... tab tab return"10000yen"↵
...↵
>>>yamamoto = staff()↵
>>>yamamoto.salary()↵
Traceback (most recent call last):
  File"<stdin>", line 1, in <module>
  TypeError: salary() takes 0 positional arguments but 1 was given
```

在第5行，实例化了staff类，并将其设置为yamamoto。然后在第6行，当试图调用yamamoto的salary函数时，出现一个报错。错误信息简单翻译一下是："虽然salary函数没有定义任何参数，但它确实收到了一个参数。"这很奇怪，因为我们没有定义任何参数，但也没有传递任何参数。似乎有什么东西在我们不知情的情况下被传为参数。

下面是一个根据规则定义self的例子。

Console

```
>>>class staff:↵
... tab def salary(self):↵
... tab tab return"10000yen"↵
...↵
>>>yamamoto = staff()↵
>>>yamamoto.salary()↵
'10000yen'
```

在staff类中定义salary函数时，将self定义为参数。和之前一样，在第5行，将staff()类实例化为yamamoto。在第6行，调用函数salary，它返回了预期的返回值10000日元，没有出现任何报错。

第一个例子之所以导致错误，是因为"调用函数时总是自动传递一个参数，所以如果不设置任何参数，就会出现错误。"

接下来，就来看看这些强制性规则的作用，以及如何使用它们。我们修改了staff类，并且给class staff增加了一个bonus变量。

Console

```
>>>class staff:↵
... tab bonus = 30000 ↵
... tab def salary(self):↵
... tab tab salary = 10000 + bonus ↵
... tab tab return salary ↵
... ↵
>>>yamamoto = staff()↵
>>>yamamoto.salary()↵
Traceback (most recent call last):
  File"<stdin>", line 1, in <module>
  File"<stdin>", line 4, in salary
NameError: name 'bonus' is not defined
```

当试图像以前一样调用salary函数时，出现了一个错误。查看错误信息时，显示“bonus未定义”。但是，我们的确在class staff中的第2行定义了一个变量，bonus = 30000。

为什么会出现这种错误呢？事实上，我们不能直接调用函数外的变量，即使它是在同一个类中定义的。错误信息中的“未定义”是指“未在参考范围内定义”，所以报错是应该的。

明明是为了将所有东西收纳在一起才在同一个类中创建了函数和变量，如果不能从这个函数中调用变量的话，那就没有什么意义了。所以需要一种方法使得类中定义的函数可以调用类中定义的变量。这就是self的作用。为了实现这个功能，self被强制成为函数的第一参数。考虑到这一点，可以修改以下程序。

Console

```
>>>class staff:↵
... tab bonus = 30000 ↵
... tab def salary(self):↵
... tab tab salary = 10000 + self.bonus ↵
... tab tab return salary ↵
... ↵
>>>yamamoto = staff()↵
>>>yamamoto.salary()↵
40000
```

在第 4 行的 self.（点）后写了 bonus。现在就可以调用“class staff 中的 bonus”了。通过用 .（点）连接类中的变量名称，可以调用“○○类□□变量”。

可以看出，self 代表 staff 类“自己”。self 在英语中是“自己”的意思，这个名字也很贴切。也许不太容易想象，就像笔者自称“我”一样，staff 类也把自己称为“self”。因此，可以通过写 self . bonus 来指定“staff 这个类中的 bonus 变量”并且调用它。而传递给函数的第一参数的数据，是代表类本身的数据。这就是为什么在类中定义一个函数时，self 作为参数的规则被设计出来的原因。

不是 self 的话也可以吗？

在将 self 定义为第一参数的规范中，其实不定义为 self 也没有问题。例如，启动 this Class，即使出现了 solf 这样的拼写错误，也可以正常运行。原因是，说到底 self 只是一个变量名。当在定义一个类时，类本身被设置为变量传递给第一参数。但是，如果我们使用了一个临时的名字，当其他人阅读这个程序或以后修改它时，可能会引起混淆。如果没有特殊的理由，最好按照惯例使用 self 这个变量名。

__init__方法

在本章的开头，解释了“创建类这个设计图，并根据它来制作产品（实例）”。在创建产品（实例）时，可以在初始化过程中定义一定会使用的数值，也可以在实例化时向其传递参数。

在前面的例子中，初始设置的是兼职员工的名字。__init__方法用于在创建实例时进行这些初始设置。用下面的格式定义一个名为__init__的方法。

格式

```
class 类名:
tab def __init__(self, 参数, ...):
tab tab self. 初期设置变量 = 参数
tab tab 初期操作
tab def 方法名:
tab tab 方法操作
```

我们将继续使用之前用来解释 self 的 staff 类。首先，看看可以用__init__方法做什么。在之前的 staff 类中，并没有计算出 bonus 的金额，而是直接将 bonus 定义为了 30000，bonus = 30000。这样的话，yamamoto 的奖金无论如何都是 3 万元，其他员工也是 3 万元。为了让这个类更加适用，来看一个叫作_ _init_ _的方法，这个方法在实例化一个类的时候总是需要一个参数。

console

```
>>>class staff:↵
... tab def _init_(self, bonus):↵
... tab tab self.bonus = bonus ↵
... tab def salary(self):↵
... tab tab salary = 10000 + self.bonus ↵
... tab tab return salary ↵
... ↵
>>>yamamoto = staff(50000)↵
>>>yamamoto.salary()↵
60000
```

第 2 行定义了_ _init_ _方法的第一参数是 self，第二参数是 bonus。第二参数 bonus，是我们实例化方法时要传递的参数。第 3 行，设 self. bonus 为 bonus。第 4 行的 salary 方法不变。

我们能用类来做什么呢？来看一下第 8 行，实例化 staff 类，并传入 50000 作为参数。在第 9 行的 yamamoto. salary( ) 中调用 salary 方法。当实例化 staff 类时，将 self. bonus 设置为 50000，用 salary 方法调用它加上 10000，结果表示为 60000。

我们来考虑一个更实用的类。如果将以员工号作为初始值进行实例化，就会有一些方法可以让我们检索与员工号相关的信息，比如一个月的工作时间，这个员工加入公司的日期、培训结果等。我们以下面的 staffInfo 类为例。省略详细操作的部分，先假设存在这样一个过程，并想象一下该类的功能。

```
>>>class staffinfo:
... tab def__init__(self, staff_id):
... tab tab self.staff_id = staff_id
... tab def getWorkingHours(self):
        从管理员工工作时间的数据库中获取 self.staff_id 信息
        …省略
```

```
... tab def getHireDate (self):
        从管理员工劳动合同信息的数据库中获取 self.staff_id 信息
        …省略
... tab def getTrainingRank (self):
        从管理员工培训信息的数据库中获取 self.staff_id 信息
        …省略
...
>>>yamamoto = staffInfo('A00122')          以员工号作为初始值进行实例化
>>>yamamoto.getWorkingHours()              获取本月的工作时间
'50hours'
>>>yamamoto.getHireDate()                  获取加入公司的日期
'2015-11-29'
>>>yamamoto.getTrainingRank()              培训等级
'Beginer'
```

与前一个例子一样，它存储了作为类中初始值传递的员工编号。不同的是，员工号可以用来检索各种数据。例如，“A00122”是 yamamoto 的员工号，但如果将 shimizu 的员工号“B00133”作为初始值传入，也可以实现同样的功能。

```
>>>shimizu = staffInfo('B00133')          以员工编号作为初始值进行实例化
>>>shimizu.SetWorkingHours()
'43hours'
```

正如你所看到的，当实例化一个类时，拥有可以作为初始值传递的数据是很有用的。这就是_ _init_ _方法的作用。init 是 initialize 四个字母的缩写，意思是初始化。

在本节中，将向大家介绍继承的功能，为什么存在继承，以及如何使用继承。这个概念有点难，如果你一下子没有完全理解，也不用担心。可以反复阅读这一章，也可能在学习编程时再次遇到继承功能才会第一次理解它。

下面就来介绍一下继承的概念，继承的方法，以及继承功能的好处。

继承是什么

继承，顾名思义，就是允许从 A 类继承“东西”到 B 类的功能。而我们继承的是类中定义的数据和方法。被继承的类称为父类，继承的类称为子类，这就是通常所说的两个类之间的父子关系。

Fig　数据从父级传递到子级的图示

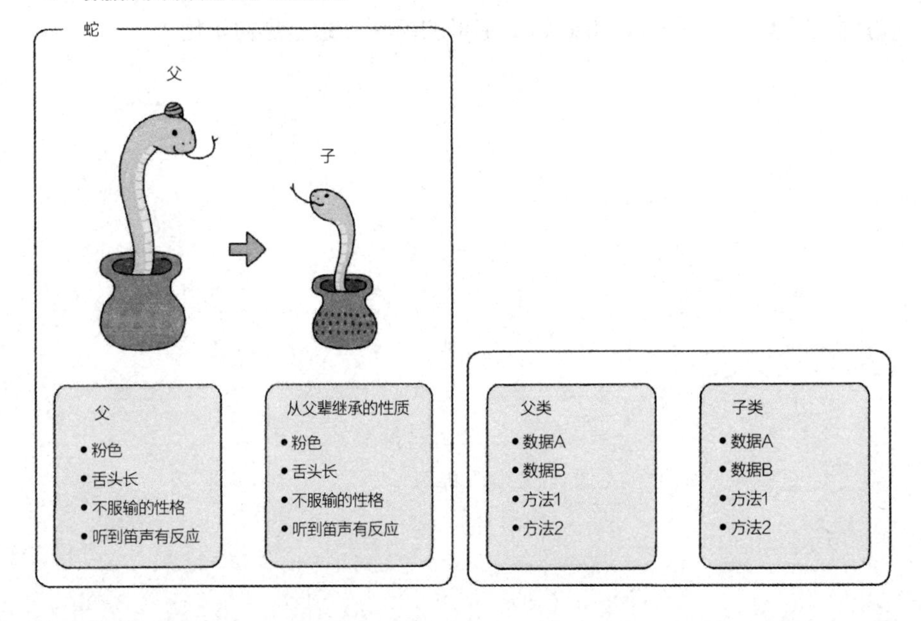

做个黏土小动物

为了理解继承，需要了解继承的好处是什么，为什么会有继承这样的功能。在这个过程中，首先用一个例子来说明继承是怎么回事。

在上美术课上，要做一个自己喜欢的黏土动物。你也有可能以前上过这种课。这里不同的是，每个学生需要制作100只动物，现在在你面前放了一大块泥土。接下来先从做小狗开始吧。

1. 剪下一块黏土，做成一块身体的模样。
2. 用适当大小的黏土将腿固定在身体上。
3. 还需要一个头和尾巴，所以要把它们的大小捏好，然后连接到身体上。
4. 整理身体、腿和头的形状，做一只小狗。

应该就是这样吧。只剩下99个了，赶快做吧。现在来做一只猫，想想看应该是什么过程。

怎么样？脑子里有构思了吗？接下来来做马。同样，可以想象一下这个流程。

现在，在继续完成100只小动物以前，我们来思考几件事。所有动物的大小、长短、形状各不相同，但它们的头、腿、尾巴等部位都是相同的，所以到制作狗的第三步（将头、腿、尾巴连接到动物的身体上）应该是差不多的。如果在课上准备的不是一块巨大的泥土，而是一个已经剪好大小的泥块，两条腿、头和尾巴都已经连在了一起，怎么样？是不是感觉轻松多了？这可能会让所有学生的效率大大提高。

Fig 继承一个类并创建一个类

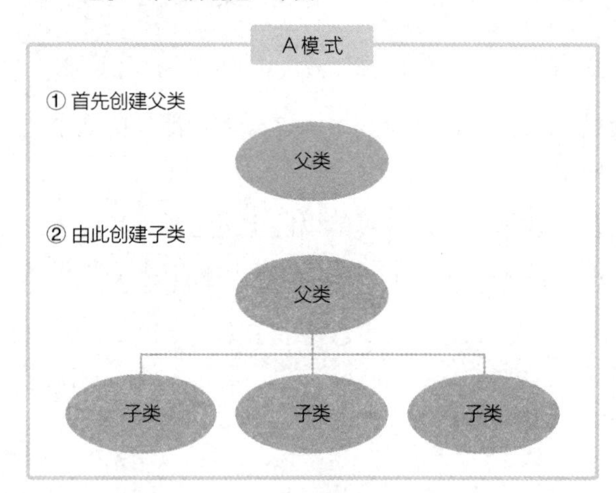

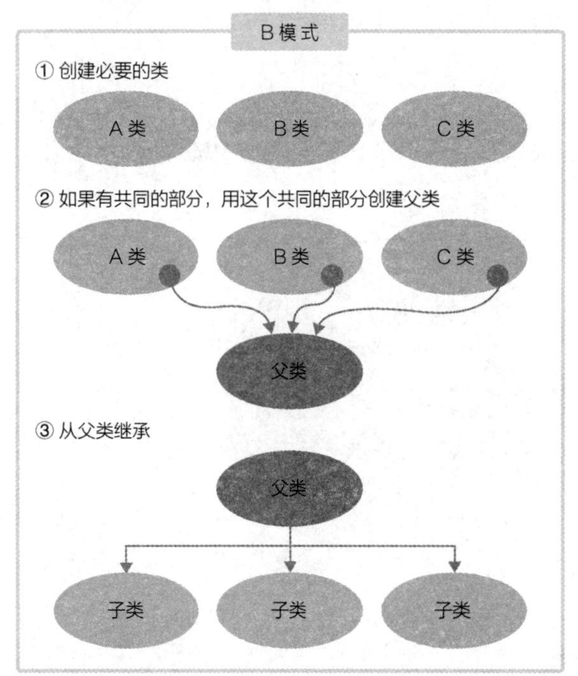

接下来套用类的思想来考虑刚才的情景，当需要创建并表示很多动物及其动作的类时，如果能把常见的部分（身体、腿、尾巴，以及像走路这样的功能）构建成一个类，再在其他类中重复使用，这样就只剩下完成不同的部分，是不是就轻松很多了呢？这种“挪用”是继承的基本功能。

当我们在编写一定规模的程序时，应先设计好整个程序，思考应以什么类作为父类（上面 Fig A 模式）。但是在一开始，可能很难弄明白怎么规划父类与子类。所以建议大家一开始不要考虑设计类的父子关系，而是按照必要的顺序，构建必要的类。然后当你意识到“这三个类在某些方面是可以共享的”，或者“用这种父类创见一个新的类会更加容易”的时候，就可以创建一个共同的父类，其次再创建一个类来继承它，并逐渐习惯重复上述过程（上一页 Fig B 模式）。

继承的格式

在继承关系中，子类写法与一直以来的定义方法不同。换句话说，定义父类的格式与4.1 节中学习的书写格式没有发生变化。只是子类需要使用新的书写格式。如下所示。

格式

```
class 类名(父类名):
tab 变量
tab def 方法名:
tab tab 方法内容
```

在关键字 class 后定义类名，并在括号( )中定义要继承的父类的名称。其余写法与通常定义类的方法一致。

使用继承方法编程（基础篇）

接下来实际运用继承代码，写一个动物类的例子。首先写一个父类的动物类，接下来写一个继承父类的动物子类，并在此基础上解释继承的作用。

首先来创造一只小狗。

Console

```
>>>class animalBaseClass:↵
... tab animallegs = 4 ↵
... tab def walk(self):↵
... tab tab print('走')↵
... tab def cry(self):↵
... tab tab print('叫')↵
... tab def getLegsNum(self):          获取腿的数量的方法
... tab tab print(self.animallegs)↵
... ↵
>>>class dogClass(animalBaseClass):↵
```

```
... tab def __init__(self):↵
... tab tab print('我是小狗')↵
...↵
>>>wanko = dogClass()↵
我是小狗
>>>wanko.walk()↵
走
>>>wanko.cry()↵
叫
>>>wanko.getLegsNum()↵
4
```

首先定义了animalBaseClass，并且定义了所有动物都通用的变量和方法。设定有四条腿，会走会跑也会叫。从第10行开始，使用本章中介绍的继承，写一个“dogClass”。在第14行，将dogClass实例化。dogClass中只定义了_init_这个初始化方法，在实例化时，会写成显示“我是小狗”的自我介绍。而接下来是最重要的。当从实例化dogClass创建的wanko实例中执行walk方法或run方法时，可以使用dogClass中没有定义的方法。

当从wanko实例中调用walk方法时，程序首先检查wanko类中是否存在这个方法。因为是不存在的，所以程序会去父类animalBaseClass中寻找walk方法。而walk方法存在于父类animalBaseClass中，所以执行父类的walk方法，就会显示“走”的信息，这就是这个程序的流程。

目前只写了狗类，所以并不觉得继承能让事情变得更简单，但是当创建的动物越来越多的时候，会感觉到不用每次都写walk方法的好处。因为现在在控制台中输入程序，关闭之后写的内容就消失了，但在实际开发中，可以通过将程序写在文件中，然后读取父类文件，随时编写继承父类的程序。

使用继承方法编程（重写篇）

我们将创建一个除狗类以外的动物类，以便更好地理解继承性。既然是动物类，可以继续使用前面的animalBaseClass。在下面的程序示例中，会写出和之前一样的父类，如果控制台没关，就跳过父类，从子类birdClass开始。如果刚刚已经关闭了控制台，请再次输入以下程序，从“animalBaseClass”开始写。

```
>>>class animalBaseClass:↵
... tab animallegs=2 ↵
... tab def walk(self):↵
... tab tab print('走')↵
... tab def cry(self):↵
... tab tab print('叫') ↵
...↵
>>>class birdClass(animalBaseClass):↵
... tab def __init__(self):↵
... tab tab print('我是小鸟')↵
... tab def cry(self):↵
... tab tab print('吱吱叫')↵
...↵
>>>piyo_suke = birdClass()↵
我是小鸟
>>>piyo_suke.walk()↵
走
>>>piyo_suke.cry()↵
吱吱叫
```

在狗之后，创建了一个鸟的类。这个类和狗类的区别在于，定义了自我介绍的台词“我是小鸟”，还有一个方法叫 cry()。这里的关键点是，在父类 animalBaseClass 中也定义了 cry 方法。如果运行它并检查结果，可以看到调用 cry 方法执行的是子类的方法，它发出了“吱吱叫”的声音。如果在子类中定义了一个与父类中同名的方法，只要从子类中调用，子类的方法就会优先。这个功能叫作覆盖。覆盖是英文“override”，意思是“重写”。即重写父类中定义的方法，使其被子类中的同名方法覆盖。

这个重写功能允许我们以更便利的方式使用继承功能。如本例可以在父类中定义一个名为“叫”的常见动物行为，但由于每个动物的“叫声”是不同的，可以在子类中重写它。

使用继承方法编程（父类调用及设定篇）

在用继承进行编程的第三部分中，将介绍如何从子类中调用父类的方法，以及如何初始化它们。既然讲完了狗和鸟，又因为这是一本“Python”的书，所以就以蛇类来结束。这次要使用的父类是对之前的父类稍加修改的版本，所以需要从父类开始输入下面的程序，看看它是如何运行的。

Console

```
>>>class animalBaseClass():↵
... tab def__init__(self, num):↵
... tab tab self.animallegs = num↵
... tab def walk(self):↵
... tab tab print('走')↵
... tab def cry(self):
... tab tab print('叫')
... tab def getLegsNum(self):
... tab tab print(self.animallegs)
...
>>>class snakeClass(animalBaseClass):
... tab def__init__(self, num):
... tab tab parent_class = super(snakeClass, self)
... tab tab parent_class.__init__(num)
... tab tab print('我是小蛇')
...
>>>nyoro = snakeClass(0)
我是小蛇
>>>nyoro.getLegsNum()
0
```

解说

首先，这次的父类与之前不同的是，它有一个初始化方法_init_。初始化方法允许在实例化类时设置腿的数量。大多数动物都有四条腿，但鸟类和蛇类没有四条腿。这个例子告诉我们在创建对象时可以通过实例化来设置腿的数量。

而程序中最重要的部分是子类调用父类的初始化方法。在本例中也就是从第 13 行中，parent_class 开始的部分。super( )是一个关键字，它允许我们通过指定其子类来调用父类对象。使用 super 的格式如下。

格式

```
super(子类名、实例)
```

通过将子类名设为 super 的第一参数，将实例传给第二参数，可以调用在指定子类里创建的对象的父类。在蛇的类的例子中，通过在第一参数中传递“snakeClass”作为子类名，在第二参数中传递“self”（自己的对象）来调用 animalBaseClass。将父类“animalBaseClass”的对象放入变量“parent_class. _init_(num)”中，将 num 即腿的数量传递给父类的初始化方法，并将腿的数量设置为变量“animalLegs”。通过这样的定义，当我们实例化 snakeClass( )时，可以将初始值传递给类，并对其进行初始设置。也就是最下面第四行的“nyoro = snakeClass (0)”，从 nyoro 的 getLegsNum 方法返回了 0，因此可以确认已经设置好了。

顺便说一下，最后一个 snakeClass，使用了关键字“super”，允许父类在实例化时设定若干条腿，但如果腿的数量始终为零，可以写出以下内容。

Console

```
>>>class snakeClass(animalBaseClass):↵
... tab def__init__(self):↵
... tab tab snake_legs = 0 ↵
... tab tab parent_class = super(snakeClass, self)↵
... tab tab parent_class.__init__(snake_legs)↵
... tab tab print('我是小蛇')↵
... ↵
>>>nyoro = snakeClass()↵
我是小蛇
>>>nyoro.getLegsNum()↵
0
```

与之前的 snakeClass 不同的是，我们不定义初始化方法的参数，而是将 0 传给父类初始化方法。因此，在实例化时，虽然没有传递腿的数量（第 8 行），但从 nyoro 实例调用 getLegsNum( )的结果仍是 0。

现实中的蛇基本没有腿，所以在实例化的时候不用通过参数来设置腿的数量，但是假如在远古时代，好像也有一些品种是有腿的。如果要创建蛇的类的话，请根据自己的喜好去创建吧。

库有两种类型：标准库和外部库。标准库是安装 Python 时随同安装的库。

标准库中的“标准”就像汽车的配置书上写着“标配○○功能!”。与这个“标准”相同，是在初期就具备的意思。另一方面，必须从 Python 中单独安装才能使用的库称为外部库。外部库将在第 6 章介绍。

库是什么

在进行标准库的解释之前，先来解释一下什么是库。“库”有“图书馆”的意思，但在编程的语境中，库被描述为“工具箱”更为贴切。有一个工具箱，里面装满了不同的工具，我们用它们来制作和修理的东西也不同。库也是如此，通过组合使用不同的库来实现不同的目的，可以更快更省力地编写程序。如果说库是一个工具箱，那么工具箱中的每个工具在 Python 中称为模块。工具箱中的模块有几种使用方法，比如类和函数。如果几个模块放在一起，就叫包。一套螺丝刀就像一个包。在一套螺丝刀中，有十字头螺丝刀和平头螺丝刀，这两种工具（模块）的作用不同。

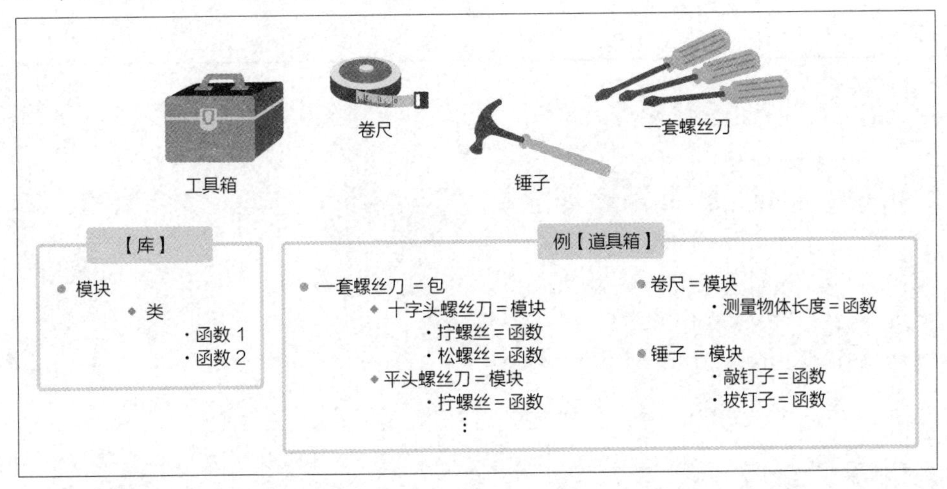

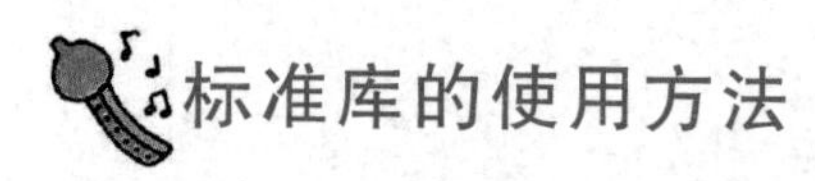

标准库的使用方法

本节将介绍使用每个标准库的基础知识。

◆ import

要使用工具，需要在工具箱里找到它，并把它拿在手里。同样，在 Python 中，必须在标准库中找到想使用的模块，并将它们加载到程序中。

本节将以第 1 章中使用过的 calendar 模块为例，在实际程序中解释如何使用标准库。要加载一个模块，可以使用关键字 import。在加载的 calendar 后面加一个 .（点），然后调用名为 month 的函数。以下程序用 print 函数打印出结果。

console

```
>>>import calendar↵
>>>print( calendar.month(2015, 7) )↵        查看 2015 年 7 月的日历
         July 2015
Mo  Tu  We  Th  Fr  Sa  Su
         1   2   3   4   5
 6   7   8   9  10  11  12
13  14  15  16  17  18  19
20  21  22  23  24  25  26
27  28  29  30  31
```

◆ as

在使用模块的类或函数时，每次使用都需要写上模块的名称。比如 calendar 模块长 8 个字，很容易拼错。如果每次都写的话就太麻烦了，所以就用“as”这个关键词，给它起一个不同的、更简单的名字。在下面的例子中，我们给日历取一个 cal 的别名。

console

```
>>>import calendar as cal↵
>>>print(cal.month(2015, 8))↵
       August 2015
Mo  Tu  We  Th  Fr  Sa  Su
                     1   2
 3   4   5   6   7   8   9
10  11  12  13  14  15  16
17  18  19  20  21  22  23
24  25  26  27  28  29  30
31
```

现在可以确认，已经将calendar设为cal。

◆ from

可以使用关键字“from”来从一个包中获得特定的模块，或者从一个模块中获得特定的类或函数。

格式

```
from 包(模块名) import 模块名(类名、函数)
```

让我们试着写一个真正的程序。下面的例子使用calendar模块中的month函数和isleap函数来读取数据。isleap函数用来判断是否为闰年，如果传入的年份是闰年，则返回True；如果不是闰年，则返回False。

Console

```
>>>from calendar import month, isleap↵
>>>print(month(2015, 9))↵
      September 2015
Mo  Tu  We  Th  Fr  Sa  Su
     1   2   3   4   5   6
 7   8   9  10  11  12  13
14  15  16  17  18  19  20
21  22  23  24  25  26  27
28  29  30
>>>isleap(2012)          ——— 找出2012年是否为闰年
True                     ——— 闰年
```

使用from的好处是，不必在运行时写包或模块的名称，因为我们确切地知道方法是从哪里调用的。

▶ 不使用from

```
>>>import calendar↵
>>>calendar.isleap(2015)↵   ——— 需要接着calendar.往后写
False
```

▶ 使用from

```
>>>from calendar import isleap↵
>>>isleap(2015)↵            ——— 不用calendar.也可以
False
```

其他标准库

Python 的标准库有许多种类，其中包含了大量的模块和包。我们将选择其中的几个来讲一下如何使用它们。如果想知道所有的标准库，请查看在线文档。也许你会被它们的数量所吓倒，但即使不把它们全部记下来，也仍然可以写出任何想要的程序。事实上，即使作为一名 Python 程序员，可能也不会完全掌握或者一直使用所有的东西。如果你牢记标准库中提供了哪些功能，那么遇到能用到的时候就可以想起它们了。

▶ **在线标准库文档**

Python3 URL https：//docs. python. org/zh – cn/3. 5/library/index. html

Python2 URL https：//docs. python. org/zh – cn/2. 7/library/index. html

与时间日期相关的标准库

当编写各种程序时，你可能会惊讶于使用时间和日期功能的频率。

◆ **datetime 模块**

datetime 模块有很多功能，我们就挑几个来讲一讲它们能做什么，以及怎么做。

▶ **在线日期时间模块文件**

Python 3 URL https：//docs. python. org/zh – cn/3. 5/library/datetime. html

Python 2 URL https：//docs. python. org/zh – cn/2. 7/library/datetime. html

◆ **获取今天的日期**

datetime 模块的 date 对象。

console

```
>>>from datetime import date ↵
>>>date.today()↵
datetime.date(2015, 12, 5)        ——显示程序执行的日期
```

这里显示的日期是执行程序时的日期，所以如果自己执行程序，会看到你的日期。执行日期是 2015 年 12 月 5 日，这里显示的 datetime. date（2015，12，5）是一个日期类型的对象，有点不方便阅读。接下来将介绍如何将日期转换为字符串类型。

◆ **将日期类型数据转换为字符串类型**

要将 date 对象转换为字符串，可以使用 date 的 strftime 方法。

我们将使用前面介绍的取得今天日期的 date 对象进行检查。

Console

```
>>>from datetime import date
>>>today = date.today()
>>>today.strftime('%Y%m%d')
'20151205'
>>>today.strftime('%y/%m/%d')
'15/12/05'
>>>today.strftime('%Y年%m月%d日')
'2015年12月05日'
>>>today.strftime('%Y %B %d %a')
'2015 December 05 Sat'
```

在第2行中，将今天的日期结果设置为一个名为today的变量。然后对date类型的对象today使用了strftime()。这里要说明一下strftime方法参数指定的格式（显示格式）。可以通过输入指定的符号来改变显示的文本格式。

下表总结了常用的符号。在处理日期时，可以使用这些和其他的程序实例作为参考。

Table 日期格式

符号	表示形式
%Y	用4位数显示年份
%y	用2位数显示年份
%m	用2位数显示月份
%B	用英语表示月份
%b	用英语缩写表示月份
%A	用英语表示周几
%a	用英语缩写表示周几

◆ 获取当前日期和时间

datetime模块的datetime对象可以同时获得日期和时间（在以前的date对象中，只可以获得日期）。模块和对象都有相同的名称datetime，有点混乱，但会试着将两者区分开来。

Console

```
>>>from datetime import datetime
>>>datetime.now()
datetime.datetime(2015, 12, 5, 21, 48, 36, 913111)
```

显示的数据从左到右排列（年、月、日、时、分、秒、微秒）。如果反复执行datetime. now ( )，会发现显示的时间会迅速变化。也可以使用前面介绍的字符串转换方法将 datetime 类型数据转换为字符串类型数据。

console

```
>>>from datetime import datetime as dt↵
>>>now = dt.now()↵
>>>now.strftime('%Y-%m-%d %H:%M:%S')↵
'2015-12-05 23:12:17'
```

在第一行中，从 datetime 模块中读取了一个名为 dt 的日期时间对象。然后，使用 now 方法，创建了一个类型为 datetime 的对象并放入变量 now 中，然后使用之前的 strftime 方法，将数据转换为字符串类型。由于日期显示格式与以前相同，我们把时间显示格式整理在了下表中。

Table 时间格式

符　号	表示形式
%H	以 24 小时制显示小时
%l	以 12 小时制显示小时
%p	显示时间是上午还是下午
%M	以 2 位数数字显示分钟
%S	以 2 位数数字显示秒数
%f	以 6 位数数字显示微秒

◆ **获取一周后的日期**

当我们想知道一周后的日期时，通常会在脑海中把今天的日期加 7，然后计算出来。也可以在程序中使用 timedelta 对象做同样的事情。

console

```
>>>from datetime import date, timedelta↵
>>>today = date.today()↵
>>>today↵
datetime.date(2015, 12, 6)
>>>one_week = timedelta(days = 7)↵
>>>today + one_week↵
datetime.date(2015, 12, 13)
>>>today - one_week↵
datetime.date(2015, 11, 29)
```

如果把 days =7 传给 timedelta ( )，它将返回 7 天的数据。如果将 7 天的数据设置在

one_week 变量中，就可以像普通的算术运算一样，通过 +（加）加到今天设置的日期对象中，就可以得到一周后的日期对象。当然，不仅可以做加法，也可以做减法，得到一周前的日期。可以通过改变传递给 timedelta 对象的天数来计算任何日期，所以使用 timedelta 对象来显示，例如 100 天后是哪个月的哪一天。

创建与解压 zip 文件

你是否曾经从网上下载过一个压缩文件，或者自己将数据压缩成 zip 文件呢？在 Python 中使用 zipfile 模块，即可轻松处理程序中的压缩文件。

▶ 在线 zipfile 文档

Python 3 系 URL https：//docs. python. org/zh－cn/3. 5/library/zipfile. html

Python 2 系 URL https：//docs. python. org/zh－cn/2. 7/library/zipfile. html

◆ 如何解压文件

首先，试着解压一下这个 zip 文件。在本例中，将使用 python-3. 5. 0-embed-win32. zip 这个文件，它是 Python 官方网站上的 Python 源代码，被压缩成了一个 zip 文件。虽然文件名中包含了版本和 OS，但这次我们只是尝试解压，所以下载这个文件时不用担心系统环境和版本的问题。

从以下链接下载本项目的压缩文件。

▶ Python 3. 5. 1

URL https：//www. python. org/downloads/release/python－351/

如果计算机上有其他的压缩文件，也可以用它们试试。另外，要在 C 盘里创建一个新文件夹，将这次要使用的 zip 文件放进去。这里将创建一个名为“python”的文件夹。如果没有权限写入要解压文件的文件夹，就会出现权限错误，解压失败。准备好后，启动交互式 shell，并执行以下操作。

Console

```
>>>import zipfile↵
>>>files = zipfile.ZipFile('python-3.5.1-embed-win32.zip')↵
>>>files.namelist()↵
['pyexpat.pyd', 'python.exe', 'python3.dll', 'python35.dll', 'python35.
    zip', 'pythonw.exe', 'pyvenv.cfg', 'select.pyd', 'sqlite3.dll',
    'unicodedata.pyd', 'vcruntime140.dll', 'winsound.pyd', '_bz2.pyd',
    '_ctypes.pyd', '_decimal.pyd', '_elementtree.pyd', '_hashlib.pyd',
```

```
    '_lzma.pyd', '_msi.pyd', '_multiprocessing.pyd', '_overlapped.
    pyd', '_socket.pyd', '_sqlite3.pyd', '_ssl.pyd']
>>>files.extract('python.exe')↵
'/python/python.exe'  ●———————————————— Mac 环境
'C:\\python\\python.exe'  ●————————————— Windows 环境
>>>files.extractall()↵
>>>files.close()↵
```

加载 zipfile 模块并使用 ZipFile 方法读取 zip 文件中的对象。输入 ZipFile 方法时要注意字母大小写。

另外，如果在尝试使用 ZipFile 方法加载文件时得到一个 FileNotFoundError 错误，那是因为试图加载的 zip 文件不在 Python 的执行位置。将文件移动到不同的位置，或者将执行位置改为文件的位置，然后运行。还有一个变通的方法，将要解压的 zip 文件拖放到命令提示符或终端中，它会显示出文件的位置。复制该位置，并将其作为参数传递给 zipfile. ZipFile 函数。

▶ **错误例子**

```
>>>files = zipfile.ZipFile('python-3.5.0-embed-win32.zip')
Traceback (most recent call last):
  File"<stdin>", line 1, in <module>
  File"/Library/Frameworks/Python.framework/Versions/3.5/lib/
      python3.5/zipfile.py", line 1006, in__init__
    self.fp = io.open (file, filemode)
FileNotFoundError: [Errno 2] No such file or directory: 'python-3.5.0-
      embed-win32.zip'
```

打开 zipfile 对象后，可以使用 namelist 方法查看哪些文件被压缩为了 zip。一旦知道其中包含了哪些文件，就可以只解压想要的文件。如果在 extract 方法中输入由 namelist 方法获得的文件名，extract 方法将对该文件进行解压，并显示解压文件的位置。

要一次性解压所有文件，请使用 extractall 方法。一旦用 extractall 方法解压了所有文件，最后应该从 zipfile 对象中运行 close 方法来终止 zipfile 对象。

◆ **如何压缩文件**

文件压缩样本使用的是刚刚解压的文件，但也可以尝试用计算机上别的合适的文件来压缩试试。压缩后先用刚刚学过的 namelist 方法来确认是否压缩成功了。

console

```
>>>import zipfile
>>>zip_file = zipfile.ZipFile('python_code.zip', mode='w')
>>>zip_file.write('python.exe', 'python')
>>>zip_file.close()
>>>file = zipfile.ZipFile('python_code.zip')
>>>file.namelist()
['python']
```

用 import 加载 zipfile 模块。然后再次使用 zipfile 模块的 ZipFile 方法，也就是用来解压 zip 文件的方法。但是参数和解压的不一样，再检查一下格式。

格式

```
zipfile.ZipFile('压缩后的文件名.zip', mode='w')
```

首先，要指定 zip 文件的文件名。然后在第二参数中写上 mode = 'w'。'w'是 write 中的'w'，意思是'写入'zipfile。

现在继续解释原程序，在第 3 行要告诉程序压缩文件使用什么名字。本例中将 python.exe 压缩成 python，并放入 python_code.zip 这个 zip 文件夹中。在第 4 行，会像解压时一样调用 close 方法来结束这个过程。

可以通过文件是否存在来判断它是否真的被压缩成功。在第 5 行，使用 zipfile 模块来取刚刚指定的文件名。

```
>> file =zipfile.ZipFile('python_code.zip')
>>>file.namelist()
```

最后在第 6 行，调用 namelist 方法，可以看到，文件名与我们用 write 方法写入的文件名一致。

第 5 章　在程序中读取并编写文件

在本章中，将学习如何向文件写入数据和从文件读取数据。 作为第一步，将学习如何从键盘向计算机输入。 对于初次接触到这些内容的读者，会发现新的计算机的使用方法。

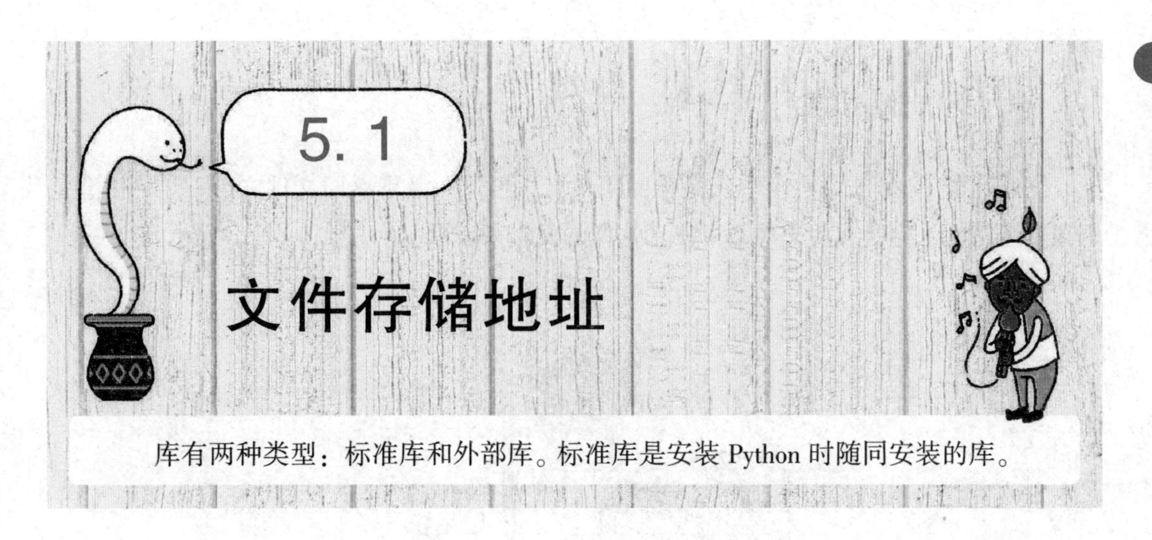

库有两种类型：标准库和外部库。标准库是安装 Python 时随同安装的库。

在用 Python 处理文件之前，先解释一下如何将文件的位置描述为文本。为了处理程序中的文件，需要了解“文件位置”的概念。这是因为为了读取文件，需要告诉程序该文件的位置。同样，当创建一个文件时，也需要告诉程序想要把文件创建在哪里。既然不能用手指指着告诉程序要创建文件的位置，那么就来学习一下如何“向程序传达这个意思”吧。

把文件存放在哪里

首先，来看看在计算机上关于文件地址的思考方式。在计算机上把文件保存在哪里？例如当你从互联网上下载一张图片时，有些人将其保存在下载文件夹中，而有些人则将其保存在图片文件夹中。还有的人可能会说：“我不是保存在文件夹里，我是保存在桌面上！”。但实际上，这个桌面也是一个文件夹。在计算机里有很多这样的文件夹。

用文本表示桌面

如果是在 Windows 系统上，桌面位置的写法如下所示。

格式

```
C:\Users\(用户名)\Desktop
```

C 是硬盘的名字。C 盘下面有一个文件夹 Users，下面是各自的用户名，再下一层是 Desktop（桌面）。

另外，Mac 的桌面位置写法如下所示。

格式

```
/Users/(用户名)/Desktop
```

这意味着 Users 文件夹下一级是你的用户名，再下一级是桌面文件夹。一开始从感觉上很难去把握，但所有的文件都可以用这样的文本来表示。

在本节中，将为大家讲解“用户界面”“GUI”“CUI”等新概念，这将是大家今后学习中不可缺少的。如果已经熟悉它们，可以跳过本节，如果还不是很熟悉，就开始学习什么是 CUI 和 GUI 吧。

GUI 和 CUI 具有以下含义。

▶ GUI ………… Graphical User Interface

▶ CUI ………… Character User Interface

接口是什么

首先，来介绍一下 User Interface，这是两者的共同点。

这里的 User（用户）指的是我们这些计算机的使用者。而 Interface（接口）一词指的是边界或接触点。在这种情况下，它指的是用户和计算机之间的连接点。“连接点”这个词很难理解，那么首先将它理解成可以操作计算机的画面。如果没有计算机显示屏，就无法看到计算机里的数据。那么显示屏就是“用户”和“数据”的连接点。

GUI 与 CUI

Graphical 和 Character 可以分别用图形（视觉）或字符（有多种含义，在这里是文字）来表示。

先来看看 GUI。其实就是平时不经意间看到的 Windows 或 Mac 计算机的屏幕。

而 CUI 则只是命令提示符或终端屏幕上出现的文字提示。我们已经多次尝试用控制台写 Python 程序，这个控制台就是 CUI。

由于 GUI 和 CUI 在外观上有很大的不同，它们可能看起来是完全不同的、独立的软件。然而，GUI 和 CUI 只是不同类型的画面，或者说，它们只是设计不同。例如使用 CUI（控制台）在桌面上创建一个新文件，就会在桌面（GUI）上看到该文件，如果从桌面上删除该文件，也可以知道该文件已经从 CUI 中删除。

Fig CUI 中显示的位置与 GUI 中看到的位置相同

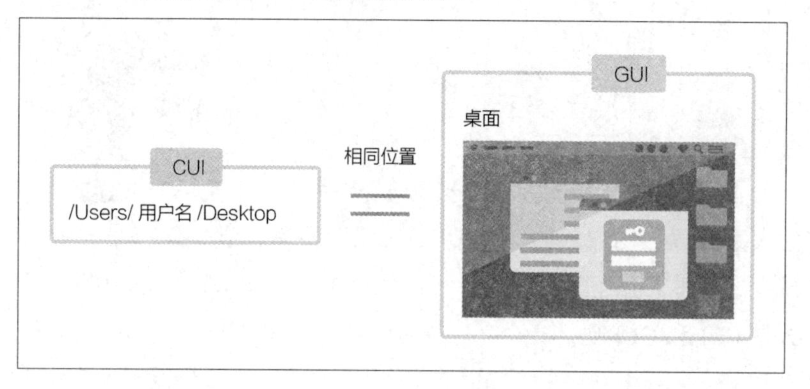

现在来看看如何从程序中读写文件，但正如前面提到的，需要告诉程序文件的具体位置，以便对它们进行操作。下面就来学习如何“准确”地告诉它。

CUI 代表什么？

作为 GUI 的反义词，有人说 CUI 是 Character User Interface，但也有人说它是 Console User Interface 的缩写，所以它有时也被称为 CLI（Command Line Interface）而不是 CUI。Console（控制台）指的是 Windows 中的命令提示符和 Mac 中的终端。虽然措辞不同，但没有本质区别，所以不用在意。

在 GUI 中，用鼠标点击图标，就可以操作要使用的应用程序或文件夹。然而在 CUI 中，必须从键盘上输入所有想要操作的信息。如果想操作一个文件，必须先用键盘指定文件的位置。

总之，一切都要从键盘上输入的字母来完成，这就是将要开始学习的 CUI。看起来稍微有点困难，我们来边实践边学习吧。CUI 的操作在每个操作系统（Windows/Mac）中都是不同的。请参考适合你的操作系统的说明。

在 Windows 系统下

如果是在 Windows 中，先启动命令提示符。如果已经启动并且正在运行，请重新启动将其重置。

到目前为止，都是输入 python 启动交互式 shell，一边输入程序一边进行学习，但这次不用交互式 shell。稍微和 Python 脱离一下，通过使用 Windows 命令行定位文件来习惯 CUI。Windows 命令行是指在 CUI 上提供操作 Windows 的命令。

先来了解一下查看当前“位置”的命令。试着在命令提示符下输入 cd，然后会看到以下字符。

Console 输出结果

```
C:\Users\kamata >cd ↵
C:\Users\kamata
C:\Users\kamata >
```

当执行 cd 命令时，会出现现在在计算机中的位置。在这个例子中，可以看到在 Users 文件夹下的 kamata 文件夹中，这个文件名在每个环境中都是不同的。接下来表示“文件夹中的内容”。要查看文件夹中的内容，可以使用dir命令，它可以显示用户所在文件夹中的文件列表。让我们试一试，执行一下这个功能吧。

console

```
C:\Users\kamata＞dir↵
  C盘无卷标。
  卷标序列号为xxxx－xxxx。

C:\Users\kamata 目录


2015 12 01   18:02    ＜DIR＞    .
2015 12 01   18:02    ＜DIR＞    ..
2015 10 09   19:48    ＜DIR＞    .gimp－2.8
2014 03 07   12:05    ＜DIR＞    .gradle
2015 11 17   20:50    ＜DIR＞    .idlerc
…省略
2015/12/01   18:27    ＜DIR＞    .vagrant.d
2015/12/01   18:29    ＜DIR＞    .VirtualBox
2016 01 08   16:12    ＜DIR＞    Desktop
```

得到了当前目录的内容列表

类似CUI的表达

在CUI中，“我们在阅览哪个文件夹的内容”常常被表述为“我们在哪里”。或者把它想象成“光标在哪里”。

另外，“在○○文件夹”的“里面”有时也被描述为“在○○目录下”。将这种区别视为GUI和CUI的区别会更好理解。例如aa\bb（Ma c中为aa/bb）在GUI中表示“bb文件夹在aa文件夹里”，但在CUI中表示“bb在aa下”。或者表达为“直属○○目录”“在○○目录下”。

大家在日常操作计算机的过程中，如果下载了文件或将自己的文件放在这个用户名下的目录中，当输入或执行dir命令时，文件应该显示在这里。

接下来试着来移动位置。可以使用CUI移动位置，也可以使用cd命令，但与前面的命令不同，需要在cd命令后面指定移动目的地（文件要去的地方）。让我们来试试吧。这次也来调用并确认一下之前学习过的命令行。

Console

```
C:\Users\kamata>cd Desktop ↵
C:\Users\kamata\Desktop>
```

在“cd”后输入一个空格，输入“desktop”，指定目的地，然后运行。Desktop，顾名思义就是我们平时在GUI中看到的桌面。运行一下会发现，从刚才的用户名文件下移动到了Desktop文件下方。如果你的桌面上有文件，就可以在这里通过输入“dir”命令来查看它们。

接下来在CUI中新建一个文件夹或文件。首先，使用mkdir命令在CUI中创建一个文件夹。文件夹需要有一个名字，在mkdir后面加一个空格，并指定文件夹的名称。

格式

```
mkdir(文件夹名)
```

Console

```
C:\Users\kamata\Desktop>mkdir py_folder ↵
C:\Users\kamata\Desktop>
```

创建一个名为py_folder的文件夹，可以通过输入dir命令确认它已经创建。在CUI界面上做的事情自然会在GUI中看到，所以应该能在桌面上看到这个文件夹。现在你应该感觉到，用CUI进行操作的对象和平时通过GUI看到的对象是一样的。

Fig 桌面上已经创建了一个文件夹

◆ 命令的记忆方法

我们已经看过像cd和mkdir这样的命令，每个命令名称其实都是操作名称的缩写。如果试图把它们当作一个无意义的字符排列组合来记忆，很容易忘记它们，但如果知道了它们的起源和含义，就会变得更容易记住它们，所以接下来将介绍每个命令名称的来历。

首先，显示当前“位置”并移动到当前位置命令cd是“current directory”以及“change directory”的略称。目录几乎是文件夹的同义词，因此可以将它们相互替换着理解。可显示当前位置存在的文件的命令 dir，是 directory 的略称。虽然名称上没有变化，但可用于显示当前位置的目录（文件夹）中的文件。最后，mkdir 是“make directory”的略称，就是指建立一个目录（文件夹）。这两种情况都是如出一辙。

Table 目前所学的命令列表

命　令	由　来	内　容
cd	current directory change directory	显示当前位置 从当前位置移动到另一个指定位置
dir	directory	显示当前位置的文件列表
mkdir	make directory	在当前位置创建指定的文件夹

命令名的读法 · 叫法

一个人学习的时候不知道命令名读法也没问题，但在学校或者工作中就有一些需要读出命令名的地方了。命令名几乎都没有官方的读法或叫法，每个人的叫法都不同。比如 dir 命令至少就有 4 种不同发音的读法。因为并没有一些特定的读法规则，所以怎么方便就怎么读。

在 Mac 系统下

首先，启动终端。进入应用程序文件夹，找到“实用工具”文件夹，“终端”在这个文件夹中。

Fig 终端（shell 是默认的 bash）

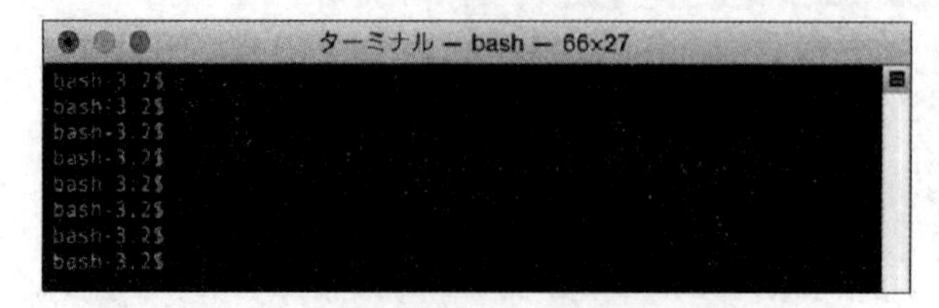

此前一直使用 Python 3，启动交互式 shell，一边输入程序一边执行。但此处不再启动交互式 shell，在确认文件位置的同时，进行 CUI 的练习。有一些所谓的“命令”可以用来让我们从 CUI 中控制计算机。下面用这些准备好的命令来操作 CUI。

首先，这里是用 pwd 命令来检查当前的位置。试着在终端中输入 pwd 并运行它。可以看到以下文字。

```
$ pwd↵
/Users/kamata
```

pwd 命令可以用文字表示此刻在计算机中所处的位置。现在在 Users 文件夹中的 kamata 文件夹里（kamata 是作者计算机设定的用户名）。现在我们知道已经进入了用户名的文件夹，接下来看看这个文件夹里有什么。使用 ls 命令，它将显示用户当前所在文件夹中的项目列表。在终端里输入它。

```
$ ls↵
Applications        Public        Library
Desktop             Movies        Documents
Music               Downloads     Pictures
```

作者和大家的显示内容应该各不相同。在平时使用计算机的过程中，如果以这个用户名下载或创建了一个文件，当输入 ls 命令时，文件名就会显示出来。

在知道了当前的位置和如何查看该位置的文件的前提下，来移动位置。在 CUI 中用 cd 命令来移动位置。cd 命令同之前所学的命令不同，在 cd 后需要指定想要移动到的位置。也可以留空，但该命令会把你带回/Users/（用户名）的最初位置。我们用已经提到的命令来试试吧。

```
$ cd Desktop/ ↵
$ pwd↵
/Users/kamata/Desktop
$ ls↵
$
```

在第一行，第一次使用 cd 命令，在 cd 旁边加了一个空格，并指定了 Desktop/。顾名思义，这个地方就是平时看到的桌面。接下来在第二行，使用 pwd 命令来显示当前的位置。这样做会发现位置已经从用户名下面移到了 Desktop 下面。最后，输入 ls 命令来显示当前位置（Desktop）上的文件。在这个例子中，什么都没有显示，因为作者没有在桌面上放任何东西。所以当最后输入 ls 命令时，如果你的桌面上放了一些文件，就会看到各种各样的文件被表示出来。

到目前为止，只是移动了位置和查看了文件，接下来创建新文件夹及文件。首先，使用 mkdir 命令从 CUI 中创建一个文件夹。文件夹名称，可如上述格式进行指定。

格式

```
mkdir 文件夹名
```

Console

```
$ mkdir python_folder ↵
$ ls ↵
python_folder
```

在第一行中，创建了一个名为 python_folder 的文件夹，在第二行中，输入 ls 命令确认文件已经创建。在 GUI 中也可以看到桌面上已经创建了文件夹。现在可以感觉到，在 CUI 中操作的和平时在 GUI 中看到的是同一个地方。

◆ **命令的记忆方法**

每个命令都是操作名称的缩写。但是命令记忆起来还是比较困难的，这里就介绍一下各个命令对应的原始操作的名称。首先，显示当前位置的命令 pwd，是 Print Working Directory 的缩写。它的意思是“显示工作目录”。目录和文件夹是同一个意思。其次，可以显示当前位置存在的文件的命令 ls，是 list 的缩写。意思是要显示所在位置的文件“列表”。而 cd 命令则是移动到当前位置，是 change directory 的缩写。意思是变更目录，也就是文件夹。最后，mkdir 代表 make directory，意思是创建一个文件夹。

Table 目前已经学过的命令列表

命令	由来	内容
pwd	print working directory	显示当前位置
ls	list	显示当前位置的文件列表
cd	change directory	从当前位置移动到另一个指定位置
mkdir	make directory	在当前位置创建指定的文件夹

准备用程序对文件进行操作

为了使用 Python 对文件进行操作（读写），需要告诉 Python 文件的位置。在此之前，简单介绍了在 Windows 及 Mac 环境中从 CUI 中对文件进行操作的方法。

现在回到 Python，学习如何操作文件。先用 Python 命令像往常一样启动交互式 shell，但首先要创建一个专门的文件夹，py_folder，在这个文件夹中启动交互式 shell。

Python 命令启动的文件夹（目录）成为当前的位置。这个“当前位置”称为“当前目录”。

如果在执行命令时没有指定文件夹，则假定该命令是在当前目录下执行的。

◆ **Windows 系统中**

对于 Windows，请按以下方式运行。

```
cd Desktop ↵            移动至桌面
mkdir py_folder ↵       创建新文件夹
cd py_folder ↵          ↑移动到上一步创建的新文件夹
python ↵                启动交互式 shell
```

注意，当运行 cd Desktop 时，要移动至 Desktop 目录，必须在执行时在以你的用户名命名的文件夹中启动。如果出现错误，运行 cd C:\Users 然后运行 dir 命令，在显示的目录名中选择当前的用户名，运行 cd Desktop。

◆ **Mac 系统中**

对于 Mac，请按以下方式运行。

创建完 py_folder 后，进入该文件夹，启动交互式 shell。

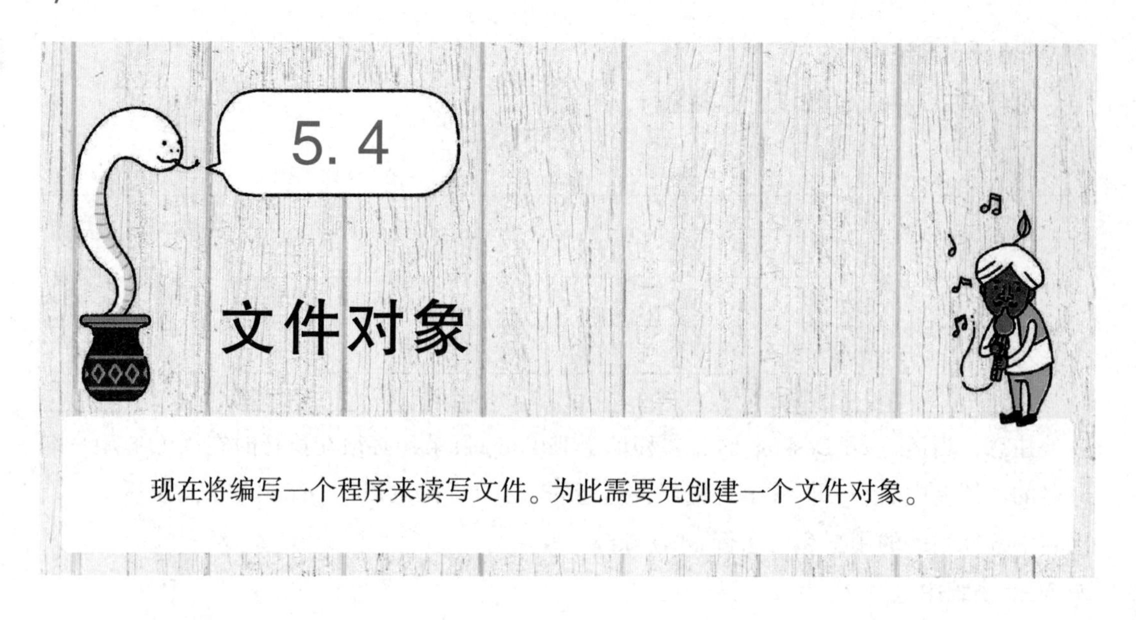

现在将编写一个程序来读写文件。为此需要先创建一个文件对象。

当用程序对一个文件进行操作时，需要通过文件对象来进行。请先记住这一点。

文件对象是什么

要创建一个文件对象，请使用内置的 open( ) 函数。首先，来了解一下 open( )（以下简称 open 函数）和文件对象。

文件对象有几种模式。一般来说，“模式”这个词有多种含义，但在这里可以把它看成是一种功能形式，比如战斗模式或防御模式。文件对象的形式可以是写模式、读模式，也可以是兼有两种模式。我们需要改变模式，以匹配要做的程序。

Fig 文件对象的图像

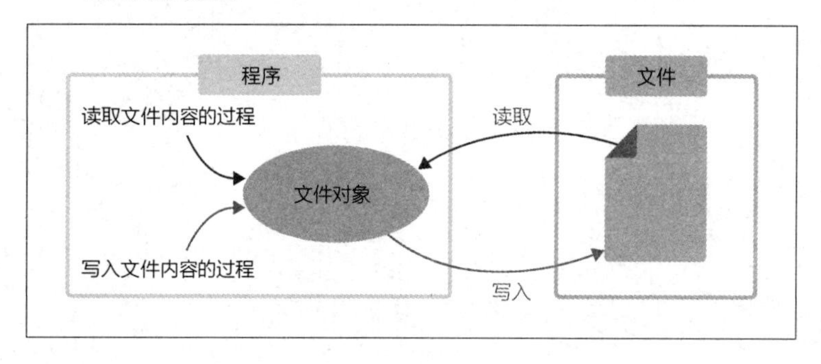

创建文件对象

先来检查一下文件对象的创建格式。

格式

```
open("文件名","模式")
```

open 函数是一个内置函数，类似于 print 函数。对于一个内置函数，不需要 import 一个新的库。

函数的第一参数是要“读”或“写”的文件名，第二参数是要创建的对象的模式(读模式、写模式等)。

Table 如何指定模式

模式的指定	含　义
r	读入指定文件的模式
w	向指定文件写入新内容的模式
a	向指定文件追加内容的模式

记住，读是 read 用“r”表示，写是 write 用“w”表示，添加是 append 用“a”表示。这里有一点需要注意。如果试图为一个在读取模式下不存在的文件创建一个文件对象，就会报错。试图打开一个不存在的东西时报错也很正常。让我们实际写一个程序来看看。

Console

```
>>>open('null.txt', 'r') ↵
Traceback (most recent call last):
  File"<stdin>", line 1, in <module>
FileNotFoundError: [Errno 2] No such file or directory: 'null.txt'
```

试图在读取模式下用不存在的 null . txt 文件对象创建文件对象，结果出现了 FileNot FoundError 错误。底行的英文信息是指“没有找到名为 null. txt 的文件或目录”。

另一方面，在写入模式下创建文件对象时，即使作为函数参数的文件不存在，也不会发生错误。这是因为这种写入模式不管指定的文件是否存在，都会将数据写入指定的文件名。如果文件不存在，则用指定的文件名创建一个新文件，如果文件存在，则会覆盖原有数据。在“记事本”和“文本编辑器”等应用程序的操作中，写入模式始终是“新建 & 覆盖”。

让我们来指定模式

如果在没有指定模式的情况下用 open（'sample. txt'）打开文件对象，则会以读模式创建文件对象。虽然不指定就可以轻松使用读取模式，但是一开始要注意指定模式。它还有一个好处，就是以后重新读的时候，很容易知道是什么模式。

写入模式

我们将通过用 Python 编写的程序向文件写入数据。

1. 在写入模式下创建一个文件对象。
2. 使用文件对象对文件进行写入。
3. 销毁文件对象。

以下是这一过程的实际例子。最后要确认文件对象被销毁。

console

```
>>>file_object = open('python.txt', 'w')↵
>>>file_object.write('this is sample of python.')↵
25                                              显示写入的字符数
>>>file_object.close()↵
>>>file_object.write('this is sample of python.')↵    确认是否被销毁
Traceback (most recent call last):
  File"<stdin>", line 1, in <module>            报错,因为文件已被销毁
ValueError: I/O operation on closed file.
```

解说

在第一行创建一个文件对象，文件名设置为 python. txt，模式设置为 w（写入模式）。可以在变量中设置一个文件对象，并在之后用来执行写入操作。变量的名称设为“file_object”，但可以使用任何喜欢的名称。

第二行则使用 file_ object 的 write 方法。write 方法将参数中指定的数据写入 python. txt 文件。最后，使用 close 方法销毁生成的文件对象。执行 close 方法后，文件对象不能被使用。如果想再次对文件进行读写，则需要重新创建文件对象。

这里面有一点。事实上，程序并不是每次执行文件对象的 write 方法时都会向文件写入数据。当 open 函数创建文件对象时，文件本身虽然是被创建的，但如果在执行 write 方法后立即检查文件，它可能并没有真正被写入。原因是向文件写入的过程比其他程序的耗时要长很多。如果每次都真的向文件写入，当程序要高速重复写入过程时，向文件写入的时间会对程序的总执行时间产生很大影响。

为此，并不是每次执行 write 方法时都向文件写入，而是存储一些要写入文件的内容，

在特定的时间写入。

这就意味着，如果拜托别人去买晚餐的食材，每次想到需要的东西，就要浪费时间来回奔波于商店，所以会在拜托别人去购物之前，把所有需要的食材列一个清单。“来往商店”是“写入过程”，“必要的食材”是“要写入的内容”。

此外，当文件执行close方法时，它一定被写入。如果“可以确定不会再有要写入的”，就必须把数据写入进去。

也可以通过使用文件对象提供的flush方法来指定向文件对象写入的时间，如下所示。在使用时尽量注意处理时间。

console

```
>>>file_object = open('python.txt', 'w')↵
>>>file_object.write('this is sample of python.\n')↵
25
>>>file_object.flush()↵      ●———— 实际执行写入
```

查找新建文件位置

让我们用 GUI 检查在写入模式下创建的文件的位置。在开始工作之前，先用 CUI 导航到桌面，再导航到新创建的文件夹（py_folder）。在创建文件时，使用了文件对象的 write 方法来指定文件的名称。如果没有指定文件的位置，文件会自动在当时的执行位置创建。用 GUI 进入桌面，查看名为 py_folder 的文件夹。打开这个文件夹，你看到这次用 Python 创建的文件了吗?

Fig GUI 中的文件截图

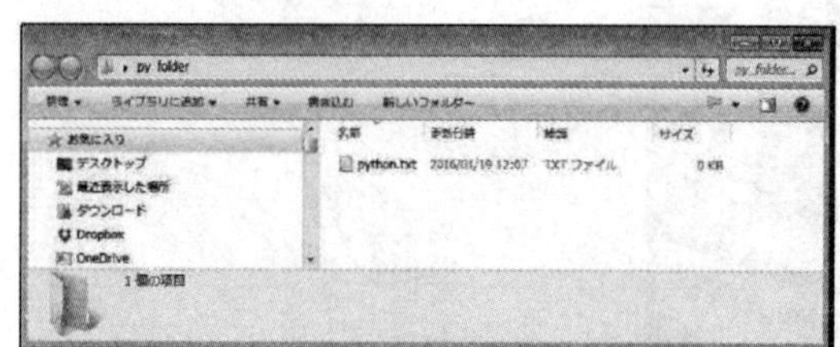

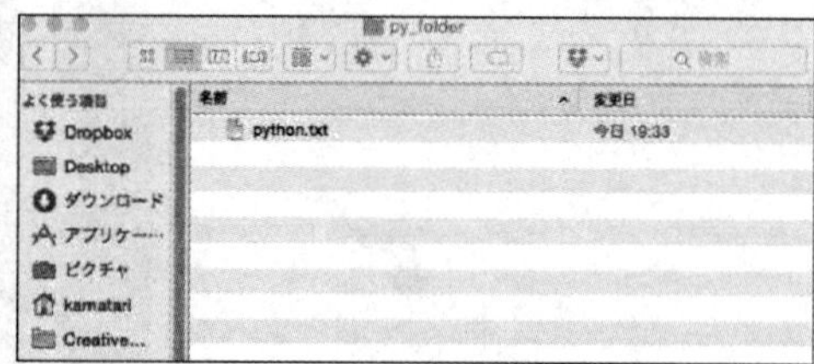

读取模式

要从 Python 中读取文件，需要写一个程序，步骤如下：

1. 在读取模式下创建一个文件对象。
2. 使用文件对象的 read 方法读取。
3. 销毁文件对象。

下面是在程序中实际编写和执行的一个例子。

Console

```
>>>file_object = open('python.txt', 'r')
>>>file_object.read()
'this is sample of python.'
```

在第一行中，使用 open 函数对刚刚创建的 python. txt 生成文件对象。像写入文件时那样，将文件对象设置成名为 file_object 的变量。在第二行，调用 file_object 的 read 方法。在第三行，可以看到文字“this is sample of python.”。

在这里，只指定了文件名 python. txt 打开文件。由于是从刚才写入的地方读取文件的，所以文件可以原样打开。如果试图在命令提示符或终端的不同位置以读取模式运行程序，将得到一个读取错误，因为 Python. txt 文件不在当前执行的位置。

指定文件与位置

在桌面上创建一个名为 py_folder 的文件夹，并在其中创建了一个名为 python. txt 的 Python 文件。对于刚刚的读取模式来说，在创建文件的同一个地方运行读取文件的程序，这种操作是可行的。在本文中，将介绍如何从不同的位置打开 python. txt 文件。调用 open 函数时，必须以文本形式指定文件名，包括文件的位置。

console Windows 系统中

```
>>>file_object = open('C:\\Users\\username\\Desktop\\py_folder\\python.txt',
'r')↵
>>>file_object.read()↵
'this is sample of python.'
```

* 在 Windows 中，当使用字符串指定位置时，必须用\\分隔文件夹。

console Mac 系统中

```
>>>file_object = open('/Users/username/Desktop/py_folder/python.txt', 'r')
>>>file_object.read()↵
'this is sample of python.'
```

正如你所看到的，如果按照本章开头所述的方式指定了文件，它就能够成功地读取文件的内容，而不会出现任何错误。

如果得到如下所示的错误信息“No such file or directory”，请确认指定的位置是否正确。

追加模式

这一次，让我们尝试将内容追记（或追加写入）到现有的文件中。过程如下。

1. 在追加模式下创建一个文件对象。
2. 在文件对象的 write 方法中写入。
3. 销毁文件对象。

现在将把字符串数据追加到以写入模式创建的文本文件 python. txt 中。

```
>>>file_object = open('python.txt', 'a')↵
>>>file_object.write('Add data from program!! ')↵
>>>file_object.close()↵
```

从与之前的写入模式的对比中可以看出，除了指定的模式以外，它们是相似的。如果打开 python.txt 文件，可以看到文件中已经追加了字符。

读取并写入外部文件

到目前为止，已经根据不同的目的，对以模式（只读、写入模式等）创建的文件对象进行了“读取”或“写入”等简单的文件操作。但是当真正用程序创建一些东西时，可能会希望同时对文件进行多种操作，例如“我想读取文件，检查内容，然后添加一些新的内容”。在这种情况下，与其将每个文件对象创建为“读”或“写”，不如创建一个既能“读”又能“写”的文件对象。

让我们马上试一试吧。当读取 + 写入都想要进行时，在读取模式的“r”后面加“ + ”。

```
>>>file_object = open('python.txt', 'r+')↵
>>>file_object.read()↵
'this is sample of python.\n'
>>>file_object.write('Add data from program!! ')↵
23
```

我们来看看执行的情况。首先，在第一行，文件以 r + 模式打开。接下来，确认第二行“可以读取文件的内容。”第三行出现“this is sample of python. \ n”的文本。这是 python.txt 的内容，可以确认 python.txt 已经被读取。然后在第四行，写入文本。依然使用前面的 write 方法。写入的内容并不重要，这次试着写入“Add data from program!!”。如果来看下一行，会发现上面写着 23。你知道那是什么数字吗？如你所见，23 是“Add data from program!!”的字符数。显示要写的文字的字符数，确认写入完成。现在已经运行了同一个文件对象。最后，要使用 read 方法读入文件，以确保打开文件时写入的内容与追加到文件中的内容相连接。

```
>>>file_object.read()↵
''
```

嗯？所有返回的只有''。这是一个空字符串。这意味着什么？让我们先关闭文件对象。

```
>>>file_object.read()↵
''
>>>file_object.close()↵
```

从这个结果来看，没有将数据写入文件中。不过不用担心，其实已经写入进去了。之所以会出现这样的情况，是因为第 2 次使用 read 方法时，从第 1 次使用读取方法开始读取文件的位置已经变动了。

当在 Word 或文本文件中书写、阅读或复制粘贴文本时，应该会用到"光标"。想象光标就是文件读取的起点。当要复制内容时，可以使用光标从要复制的部分开始进行选择。使用 read 方法后，就像读取时光标在移动一样。

Fig read 方法中"文件读取的初始位置"的图像

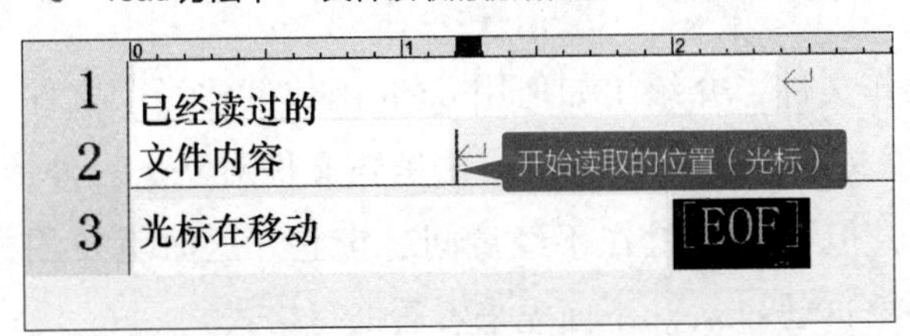

为了使原来的字符串能够正常读取和显示，需要在使用过一次 read 方法后，把它放回读取过程的开头，这样就可以从头再读一遍所有的内容。这时候使用的是 seek 方法。

```
>>>file_object = open('python.txt', 'r+')↵
>>>file_object.read()↵
"'this is sample of python.\\n'"
>>>file_object.read()↵
''
```

该程序与前一个程序相同，直到第二行使用 read 方法读取文件。如果再继续读取 read 方法，就会看到一个空字符串' '。接下来，使用 write 方法像之前一样追加字符串。

```
>>>file_object.write('Add data from program!! ')↵
23
```

为了查看写入的内容，可以先使用 seek 方法移回要读取的文件位置的开头。

```
>>>file_object.seek(0)↵
0
```

然后使用 read 方法读取文件中的所有文本。

```
>>>file_object.read()↵
"'this is sample of python.\\n'Add data from program!!"
>>>file_object.close()↵
```

追加内容也可以一并确认。然后用 close 方法关闭文件对象，完成对文件的写入。最后，用文本编辑器或类似的工具从 GUI 中打开实际文件，以验证它是否已经写入。

使用 with 写入文件

到目前为止，我们已经学会了如何操作文件，介绍了如何用 open 函数创建一个文件对象，用 write 方法写文本，用 read 方法读文本，最后用 close 方法销毁文件对象。另外，虽然最后的 close 方法不被调用就会出错，但很容易就在不经意间忘记它。这时就要用 with 这个关键字。使用 with 可以将文件对象自动 close。下面先来看看书写格式。

格式

```
with open('文件名', '模式') as 文件名:
[tab] 对文件进行操作
```

通过这样的写法，在 with 下面缩进的程序运行时，文件对象会被保留，当下面缩进的程序（称为块）退出时，文件对象会自动关闭。下面来试着执行一下这个程序。

```
>>>with open('with.txt', 'w') as file_object:↵
... [tab] file_object.write('using with! ')↵
...↵
11
```

with 的块

退出“with”块时，file_object 会被自动关闭并写入一个文件（本例中是 with.txt）。检查从 GUI 启动交互式 shell 的位置，确认生成了 with.txt，并且写着“using with!”。另外，如果尝试操作 file_object，会得到一个错误信息，说它已经被关闭了，所以可以试一试在确认的基础上加深理解。

如果模式不对会怎么样?

顺便说一下，如果对一个生成的写入文件对象进行读取，就会出现错误。试一下可以得到 UnsupportedOperation 的报错。这条信息的意思是“不支持的操作”。

Console

```
>>>obj = open('python.txt', 'r')↵
>>>obj.write('can I take it? ')↵
Traceback (most recent call last):
  File"<stdin>", line 1, in <module>
io.UnsupportedOperation: not writable
```

程序的最大长度为每行 79 个字符

程序的长度一般被限制在每行最多 79 个字符。你可能会想“为什么是 79 个字符?”有的人可能会觉得这个规则制定得也太详细了。这个规则的本意只是：“只要程序的所有行数在一定长度内，就比较易读。”之所以是 79 个字符，是因为过去计算机显示器上能显示的字符数最多是 80 个。“在最多 79 个字符的情况下，行末的标记（打字的标记）将适合显示器上 80 个字符的范围”。

可见，这并不是因为什么特别的原因而限制 79 个字符，所以如果在团队里决定了“尽量控制在 100 个字符以内”，也并没有什么不妥。当在工作中编写一个大型程序时，有很多因素会导致一行的长度增加，比如“定义取多个长变量名的函数”等，在这种时候，请记住这个 79 字符规则。

关于缩进

◆ 制表符是什么

这本书用了 tab（制表符）进行缩进，但这个制表符到底是什么呢？按 tab 键插入空格其实有两种方法。一种是“硬件 tab”。用硬件 tab 输入的空格称为“tab 字符”，在“规范表达”中用“\t”表示。一般来说，“输入 tab”指的就是硬件 tab。二是“软件

tab”。软件 tab 是通过在文本编辑器设置中指定“每几个空格数可代替 tab 插入空格”。

◆ **四个空格比较适合缩进**

正如文中所解释的，在 Python 中应该缩进的地方一定要缩进。但是在 Python 中没有特定的缩进规则。可以使用 tab 键或空格，或任何数量的空格，只要它们在程序中是统一的即可。虽然这本书为了方便打字，使用了 tab，但其实按 4 个空格更好。下面来说一下理由。

如上所述，tab 键设定的空格数可能会根据个人或编辑设置而有所不同。根据不同的设置，这可能意味着每个 tab 键可以对应 4 个或 6 个空格。

如果混用了硬件 tab 和空格，那么在 Python 3 中会得到一个 tabError 错误，即使看起来缩进的长度是一样的。在 Python 2 中，混用本身并不会报错。然而，在 Python 中，无论显示的长度如何，tab 字符都被视为 8 个空格。因此，要在一个 tab 字符和空格混用的程序中统一缩进，就要用 8 个空格进行缩进。

▶ **Python 2 中的缩进**

```
>>>fori in range(2):
... tab print('tab')                一个 tab
... print('space')                  8 个空格
```

缩进的位置不统一，让人很难读懂程序，也很难传达出代码在同一个层级。如果所有的 Python 程序都能用 4 个空格缩进，那么无论在哪个编辑器中打开它们，它们看起来都是一致的，而且容易阅读。你可能觉得用空格键缩进，要按 4 次空格的话很容易出错，那么可以在编辑器设置中将 tab 设定为 4 个空格。如果是中途加入的项目，并且项目中的 Python 程序都使用 tab 来缩进，那就也用 tab 吧。入乡随俗，把整体的统一意识放在第一位，不必受规则的束缚。

第 6 章　导入功能模块

在本章中，将学习如何通过编程实现更高级的东西。不过，虽说是高级的东西，也不用担心学不会。通过使用从外部加载的程序，依靠它们来完成复杂的处理，可以轻松地使用这些便利的功能。

在4.3节中我们学习了标准库。“标准”库和“第三方”库的区别在于，Python语言中包含的库称为“标准库”，语言中不包含的库称为“第三方库”。

第三方库使用须知

只要在程序中加载关键字“import”，使用的就是标准库，而无法这样被使用的就是第三方库。要使用第三方库，需要像当初安装Python一样，单独安装第三方库。

如4.3节所述，Python有各种各样的标准库可供选择。标准库是一套大多数人都需要的功能，这些功能由编写Python的人讨论并添加到Python中的。而第三方库则可以说是可有可无。由于该库执行的操作比标准库更复杂、更精密，库本身可能很大，或者只有某些人需要，所以它是与Python本身分开开发和提供的。

持续增长中的第三方库

事实上，任何人都可以开发和发布第三方库。换句话说，如果大家把本书中学到的Python语法，以库的形式放在互联网上发布，就是一个第三方库。即使在读到这里的时候，在世界上某个地方也会有新的、有用的库被开发出来并公开。来自许多不同国家的人使用Python编写并公开了各种各样的库。

我们来看看如何找到各种第三方库。首先，最简单的当然是上网搜索。如果用Python这个词加上想做的事情进行搜索，就会发现一些常用的经典库。例如搜索“Python图像处理”或“Python图形绘制”等关键词，从看到的结果里能很快找到所需。

正如前面所介绍的，第三方库很多，质量的差异也很大。在这样的情况下，那些被很多人使用并证明有效的第三方库比较安全和方便。

另一个想介绍的是网站 PyPI，它有非常多的 Python 第三方库集合。PyPI 是“Python PackageIndex”的略称，在写这本书的时候，有超过7万个第三方库被收录在这个网站里。也可以通过在屏幕右上方的搜索框中输入关键词进行搜索。

▶ PyPI

* URL https：//pypi. org/

Fig PyPI 首页

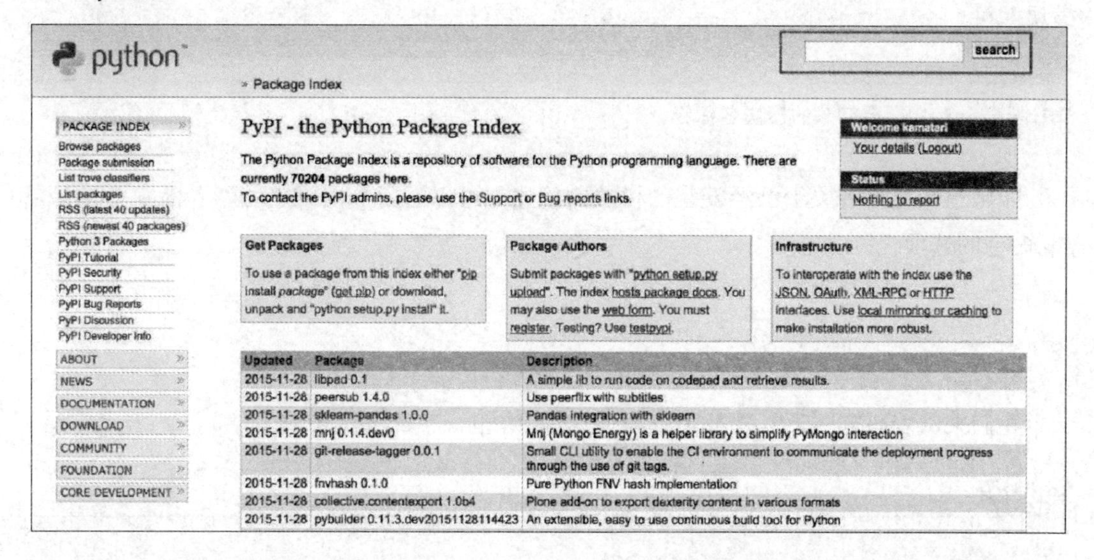

第三方库使用方法

要使用第三方库，需要完成两个步骤。第一是安装第三方库。第二是将其设置为可以在 Python 中使用的状态。当这两件事完成后，剩下的就是用关键字 import 加载库，就像标准库一样，按照每个库的说明进行操作即可。

安装过程因第三方库的提供方式不同而不同。有的库有自己的官方网站，可以从那里下载，有的库则从个人网站下载。最常见的是从刚才介绍的 PyPI 网站进行下载。

pip 命令是什么

在 PyPI 中搜索第三方库是一个漫长而烦琐的过程，但如果知道库的名称，就可以很容易地安装。在 Python 2. 7. 9 和更高版本，以及 Python 3. 4 和更高版本中，默认用 pip 命令进行安装。这条命令可以从前面提到的 PyPI 网站获取库，安装并配置，使其能在 Python 中使用。需要注意的是，在 Mac 上的 Python 3 系统中，pip3 代替 pip。

◆ pip 命令的使用方法

pip 命令的主要作用是安装。在控制台输入以下内容并运行。如果一个交互式 shell 已经在运行，需要调用 exit()来终止交互式 shell，然后执行它。模块名称与库名和包名相同。

格式

```
pip install [要安装的模块名称]
```

当运行它时，PyPI 会自动检测到指定的模块并开始安装。

当要卸载的时候，只需将“install”替换为“uninstall”，后面加上空格和想要卸载的模块即可。

格式

```
pip uninstall [要卸载的模块名称]
```

如果想知道更多关于已经安装的模块的信息，可以运行 pip，然后运行 show。show 是 pip 命令的选项之一。

格式

```
pip show [想要了解的模块名称]
```

我们来试着研究一下 6.2 节中将要使用的“Pillow”库的细节。

console

```
pip show Pillow ↵
Metadata-Version: 2.0
Name: Pillow
Version: 3.0.0
Summary: Python Imaging Library (Fork)
Home-page: http://python-pillow.github.io/
Author: Alex Clark (Fork Author)
Author-email:aclark@ aclark.net
License: Standard PIL License
Location:/Library/Frameworks/Python.framework/Versions/3.5/lib/python3.5/
site-packages
Requires:
```

根据不同的版本，显示结果会有所不同，但内容会和上面类似。

如果想查看目前已经用 pip 安装了哪些模块，可以使用 list 选项。

格式

```
pip list
```

然后会看到目前安装的所有模块的列表。

6.2 使用第三方库的编程——Python 图像处理

从这里将开始使用 Python 第三方库进行编程。使用外部的 Python 库，能做的事将大大增加。真正的编程要从这里开始了，请继续进行下去吧。

▼我们的工作

先从图像处理开始吧。下面将使用一个名为“Pillow”的第三方库。

你听说过图像处理吗？有些人可能会把它想象成 CG（计算机图形学），但它其实并不是特别难做。总的来说，“图像处理”是指对图像进行处理的过程。

下面来举一个具体的例子。

- ▶ 改变图像的亮度。
- ▶ 改变图像的对比度。
- ▶ 去除图像中的噪声。
- ▶ 将彩色图像转换为黑白图像。

当然，能做的还不止于此。最近，可以将智能手机摄像头拍摄的照片改变成各种氛围的应用程序非常流行。在某些情况下，图像处理被用于娱乐领域，而在另一些情况下，图像处理被用于“图像分析”，以从图像中获得一些信息，例如从照片中检测人脸，或从车载摄像头中识别标志。

Pillow 是什么

下面就给大家简单介绍一下 pillow 库。Python 最初有一个标准的图像处理库，叫作 PIL（Python Imaging Library）。接下来我们将简要介绍 Pillow 库。在 Python 中曾有一个被广泛使用的图像处理库，叫作 PIL（Python Imaging Library）。Pillow 库作为 PIL 代码的延续，从 2010 年开始开发。

▶ Pillow 官网

URL　https://python-pillow.org/

PIL 已经停止开发，不能用于 Python 3 系列，但 Pillow 仍在开发中，可以与 Python 3 系列一起使用。

Pillow 的安装方法

Pillow 可以用 pip 轻松安装。打开控制台，输入以下内容。

console　Windows 系统下

```
pip install Pillow
```

console　Mac 系统下

```
pip3 install Pillow
```

安装结束。下一步是确保安装已经完成。启动交互式 shell 后，通过输入并执行以下信息，确认有无报错。

```
>>>from PIL import Image ↵
```

如果安装成功，不会出现特别的提示，如下所示。

console　输出结果

```
>>>from PIL import Image ↵
>>>
```

你可能会想，这里需要 import 的不是 Pillow 吗？的确会有这个疑问，一般是通过 import 模块的名称来使用。然而，如前所述，Pillow 是 PIL 的衍生产品，是为了与 PIL 兼容而设计的。兼容性一般指数据和部件可以毫无问题地更换。这里的兼容性是指，在安装了 PIL 的计算机上运行的程序，也可以在安装了 Pillow 的计算机上运行。由于 Pillow 继承了“from PIL import Image”的导入方法，所以不需要修改程序。让我们来尝试一下 Pillow 的一些图像处理技术。

Pillow 安装失败的话？

如果安装 Pillow 失败，会得到一个类似这样的错误，说明缺少了名为 PIL 的模块。

输出结果

```
>>>from PIL import Image Traceback (most recent call last):
  File"<stdin>", line 1, in <module>
  ImportError: No module named PIL
```

运行 pip list（pip3 list），会看到 pip 安装的模块列表，确认是否安装了 PIL。

Pillow 的用途

现在来看看可以用 Pillow 做些什么事情。首先，准备一张用于图像处理的样本图像。由于我们将研究图像的颜色变化，所以不能用黑白图像。彩色的图片都可以。这里将使用一张美丽的花朵照片（jpg 文件）来进行图像处理。

Fig 花的样本图

此处注意要编辑的文件位置，以及启动交互式 shell 的位置。建议创建一个新的给 Pillow 用的文件夹，并将图片移入其中。交互式 shell 的位置应该同 Pillow 文件夹一样。关于移动文件夹的方法，请参考 5.3 节。这次做一个名为“sample_image”⊖的文件夹，把 flower.jpg 文件放在里面执行。

◆ 从程序中显示图像

先写一个简单的程序来加载和显示图像。

```
from PIL import Image
```

随后输入并执行以下内容。

```
>>>from PIL import Image↵
>>>image = Image.open('sample_image/flower.jpg')↵
>>>image.show()↵
```

解说

图像是否顺利显示出来了？在第一行中，加载了 Pillow 包的 Image 模块。在第二行中，加载要处理的图像并创建一个图像对象。在本例中，创建了一个名为 sample_image 的文件夹，并在其中放置了一张花的图片（flower.jpg），所以指定 sample_image/flower.jpg。创建 image 对象并执行 show 方法后，将打开并显示图像文件。我们将使用 Pillow 来处理图像，但基本上它使用 Image.open 加载图像文件的 image 对象，并从那里调用各种方法来执行它。

◆ 显示交换蓝色和红色后的图像

你听说过三原色吗？平时在计算机屏幕上看到的颜色是用光的三原色来表示的，也就是 RGB 色。RGB 指的是红（Red）、绿（Green）、蓝（Blue）三种颜色，我们在计算机上看到的颜色就是通过三原色的不同比例来表示的。

Fig 光的三原色

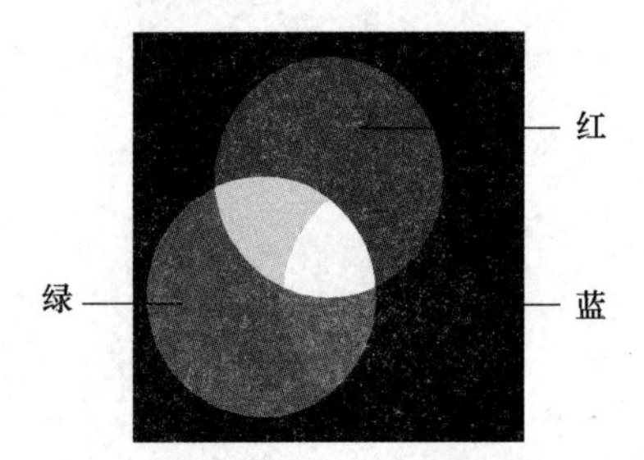

使用 Pillow，可以对图像的 RGB 进行操作。让我们来创建并显示一个图像，将其中的

⊖ 在这个例子中，如果使用“PIL”或“pillow”作为文件夹名，可能会导致错误。

蓝色和红色交换。

```
>>>from PIL import Image
>>>image = Image.open('sample_image/flower.jpg')
>>>r, g, b = image.split()
>>>convert_image = Image.merge("RGB", (b, g, r))
>>>convert_image.save('sample_image/rgb_to_bgr.jpg');   ← 保存
>>>convert_image.show()   ← 显示交换颜色后的图像
```

Fig 原图像

Fig 变换后的图像

解说

在第3行中使用的方法split()具有分离图像的R、G、B的功能。这种分离的结果分别包含在变量r、g和b中。然后使用merge方法再次将其生成为RGB图像。这是重点，merge方法的第二参数依次是（b，g，r）。原本我们会按照r、g、b的顺序来传递，但通过把r和b互换，就是将图像的蓝色和红色互换了。然后在第5行，使用show方法在计算机上显示图像。如果图片显示红蓝两色互换，那么就成功了。第6行，也是最后一行，实际上是将红、蓝变换后的图像保存到文件中。与打开图像一样，要注意如何指定文件，将文件的位置和名称作为参数传入。

◆ 将图像转换为黑白/灰度图像

这里将使用Pillow的convert方法来生成两种类型的图像：第1种是只用黑、白两种颜色来表示图像。

Console

```
>>>from PIL import Image↵
>>>image = Image.open('sample_image/flower.jpg')↵
>>>black_and_white = image.convert('1')↵
>>>black_and_white.show()↵
>>>black_and_white.save('sample_image/b_and_w.jpg')↵
```

Fig 黑白图像

你可以看到黑白图像。如果把这张图片尽量放大，会发现它是由一个个黑、白方块组成的。一个方块被称为一个像素。

Fig 将一部分图像扩大

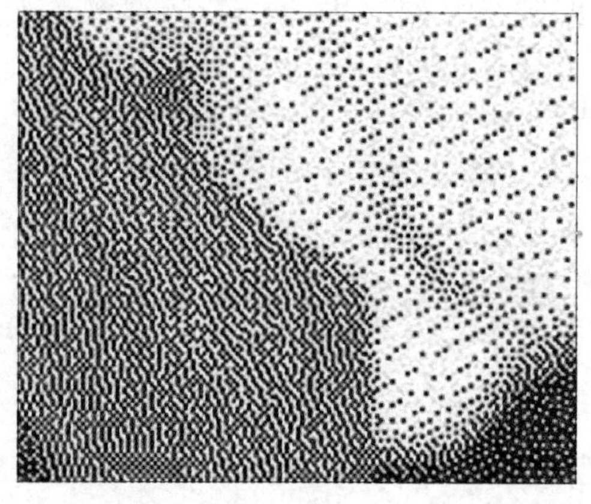

接下来将生成一张灰度图像。灰度是一种从白到黑只用浅色和深色来表示图像的方法。之前的图像完全是黑白的，但这次的图像是根据图像的亮度，用灰色的阴影来表示，称为灰度。

Console

```
>>>from PIL import Image↵
>>>image= Image.open('sample_image/flower.jpg')
>>>gray_image = image.convert("L")
>>>gray_image.show()↵          显示灰度图像
>>>gray_image.save('sample_image/gray_image.jpg')↵          保存
```

Fig 灰度图像

如果把这幅图放大，可以看到它并不是前面所说的黑白颗粒的集合，而是用灰色的阴影来表示。这个阴影的程度是由前面提到过的RGB计算出来的。RGB的每一个参数的强度都用一个数值（0~255）来表示，根据这个数值按下面的比值进行计算，把最接近人类感觉的亮度用一个数值来表示，称为“像素亮度”。

格式

```
L(像素亮度) = R(红) * 0.299 + G(绿) * 0.587 + B(蓝) * 0.114
```

convert方法就使用了这个公式来变换颜色。

◆ 旋转图像

使用Pillow模块中的transpose方法，可以快速实现图像的旋转。

Console

```
>>>from PIL import Image
>>>image= Image.open('sample_image/flower.jpg')
>>>image.transpose(Image.ROTATE_90).show()          显示旋转90°的图片
>>>image.transpose(Image.ROTATE_90).save('rotate_90.jpg')          保存旋转90°的图片
```

Fig 旋转90°的图片

解说

和之前一样，我们将执行image对象的方法，但这次还将使用show方法，用.（点）来连接。这样一来，就可以用一行程序对图像进行转换，而不需要将对象放入变量中。在这个例子中，已经将参数Image. ROTATE_90传给了transpose方法，但也可以通过传递下表列出的参数来尝试其他的变换方法。

Table 其他的变换方法

设定参数	效果
Image. FLIP_LEFT_RIGHT	左右翻转图像
Image. FLIP_TOP_BOTTOM	上下翻转图像
Image. ROTATE_90	90°旋转图像
Image. ROTATE_180	180°旋转图像
Image. ROTATE_270	270°旋转图像

* 按顺时针旋转

平时你可能使用 Internet Explorer、Chrome、Firefox、Safari、Edge 或其他网络浏览器连接到互联网来浏览网站。在本章中，将尝试绕过这些网络浏览器，用 Python 访问互联网。

在 Python 中访问互联网有几种方法，但这次将尝试使用一个名为“requirements”的第三方库来访问互联网。因此，执行时计算机一定要保持联网状态。

requests 是什么

在本文中，将重点介绍一个名为“requests”的库。requests 的口号是“Python HTTP for Humans”，直译为“为人服务的 Python HTTP”，意思是“一个方便访问互联网的模块”。

► requests

* URL http://requests-docs-ja.readthedocs.org/en/latest/

让我们从 pip 的安装开始。在 Mac 系统中使用 pip 3。

Console

```
pip install requests
```

安装完成后，从最基本的开始。访问 URL，并以程序检索该页面上显示的数据。启动交互式 shell，输入并执行以下程序。

Console

```
>>>import requests↵
>>>r = requests.get('http://www.yahoo.co.jp')↵
>>>print(r.text)↵
```

如果你成功了，会看到屏幕上显示出一大段陌生的文字。下面来按顺序进行说明。在第一行中，加载本节介绍的 requests，在第二行中，使用 get 方法来检索 Yahoo！JAPAN 主页上的信息，并将数据放入变量 r 中。之后，可以使用 text 方法来显示检索到的数据。第一次运行此方法时，可能会惊讶地发现，屏幕上显示出了大量的文字。试着用 pprint（pretty print）内置模块把这一切组合起来，将如此大量的数据以一种易于阅读的方式显示出来。

console

```
>>>import requests↵
>>>import pprint↵
>>>r = requests.get('http://www.yahoo.co.jp')↵
>>>pprint.pprint(r.text)↵
('<!DOCTYPE HTML PUBLIC"-//W3C//DTD HTML 4.01 Transitional//EN"'
…省略
'<meta name="description"'
'content="日本最大的门户网站之一。提供搜索、拍卖、新闻、电子邮箱、社区、
    购物等 80 多项服务,旨在成为丰富您生活的“生活引擎”。">\n'
'<meta name="robots"content="noodp">\n''
 <title>Yahoo! JAPAN</title>\n'
.
.
.
```

加载 pprint 模块，并使用 pprint 方法显示 r.text。改行后程序读起来更方便。但是，它仍然是用 HTML 写的（<html>和<head>等标签），在通过浏览器查看时更容易阅读，现在这种形式看起来还是会略有些欠缺。另外，如果访问 http://www.yahoo.co.jp，在浏览器中使用右键点击“查看页面源码”，就可以看到同样用 HTML 标签写的内容。

常见错误

在使用 requests 模块时，经常会忘记单词中的最后一个“s”。如果出现“未找到此模块”这样的错误，请重新检查拼写。

▶ 发生拼写错误时出现的报错信息

```
NameError: name 'request' is not defined
```

使用 requests 获取 Web API

前面介绍了利用 requests 模块访问一个网站，并原封不动地抓取难以读懂的 HTML 数据。从这里开始，将介绍一种比前面的例子更容易理解的检索数据的方法，使用 Web API 进行程序化访问。

◆ Web API 是什么

在进入 Web API 之前，先介绍一下 API。API 是 Application Programming Interface 的缩写，它就像各种功能的入口。一个 API 是根据一套规则设计的，以使它在被程序访问时更方便使用。

Web API 是指可以通过 Web 使用的 API，主要由运行 Web 服务的公司或个人提供。有几种类型的 Web API。有些 API 允许检索和更新存储在 Web 服务中的数据，而有些 API 则提供了自己难以创建的功能。

Fig Web API

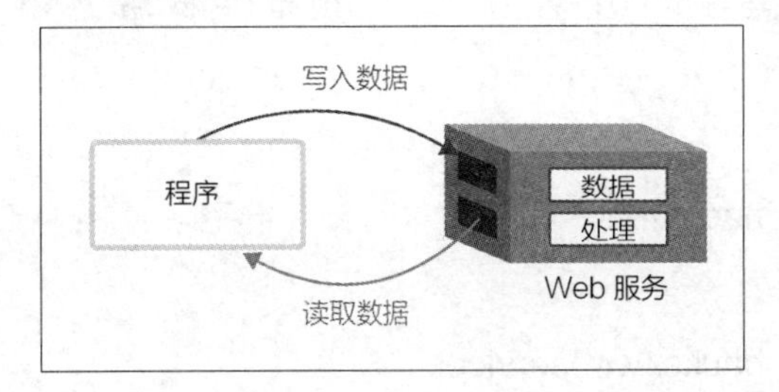

最著名的用于检索和更新数据的 Web API 之一属于 Twitter（https：//twitter. com/）。Twitter 是一个著名的 Web 服务，很多人都知道它，简单来说，它所提供的主要功能是发布 140 个字符以内的帖子以及查看他人发送的帖子。一般使用 Twitter 的时候，会从浏览器访问 Twitter 的页面，或者利用手机的应用程序，但通过使用 Twitter 的 Web API，就可以用程序向 Twitter 发布帖子，也可以看到别人的帖子。或许有人会想“竟然还可以这样!”，但其实 Twitter 的应用程序也是在用户操作的背后，使用这些 Web API 进行发帖，以及获取别人的投稿并显示出来的。你可能在不知不觉中使用了 Twitter 的 API。这里提到的 Twitter 应用程序指的是，在使用 Twitter 的过程中提示“是否允许○○（程序）通过 Twitter 账户进行操作”信息，换句话说也就是关联应用程序。另外请注意，有一些恶意的 Twitter 应用程序，未经许可就会改写个人资料或发帖。

要使用 Twitter 的 Web API，需要从 Twitter 获取认证信息，并在使用 Web API 时设置认证信息。虽然不会在本书中详细介绍如何使用 Twitter 的 API，但如果你有兴趣学习如何使用 Web API，可以查看如何使用它，并尝试一下。

▶ Twitter 的开发者网站（英文）

URL https：//developer. twitter. com/en

▶ 注册关联应用程序网站：Twitter

URL https：//apps. twitter. com/

目前这个页面上已经发布了不少有意思的 API，包括图像识别、语音识别、语言分析和聊天对话等。例如其中一个图像识别 API“产品识别”，用手机拍摄商品的照片发送并查询，就可以识别出商品的性质并告诉我们。此外，通过聊天对话 API，可以发送一段聊天内容，它会像真人一样回复你。还有很多其他的 API，可以到网站上看看它们是如何工作的。解释说明是用通俗易懂的语言写的，所以应该很容易上手。正如我们所看到的，通过使用 Web API，实现自己想法的可能性进一步提高 了。希望你也能感受到这种有趣的氛围。

在对 Web API 本身进行说明后，下面来学习如何使用 requests 模块在程序中使用 API 吧。

◆ 如何使用 requests 访问 AIP（天气预报）

先来挑战能获得天气预报的 Web API。我们将使用一个由 LINE 公司（LINE Corporation）提供的“Weather Hacks（天气黑客）”中名为“天气预报 Web 服务”的 API。

▶ Weather Hacks

URL http：//weather. livedoor. com/weather_ hacks/

▶ Web API 规格

URL http：//weather. livedoor. com/weather_ hacks/webservice

以下是 API 的概述（来自网站）。

“天气预报 Web 服务（Livedoor Weather Web Service）/LWWS，目前提供了日本 142 个地点今天、明天、后天的天气和气温预报，以及各地区的天气概况。”

在网站上可以找到详细的规格，但我们先试一试。在下面的页面中，寻找想获取天气预报的地区，在地名旁边的 id = “xxxxxx” 中找到 “xxxxxx” 这 6 位数。

▶ RSS 页面

URL http：//weather. livedoor. com/forecast/rss/primary_ area. xml

举个例子，试着在“东京地区”获取“东京”的天气，既然写了 id = “130010”，那就指定数字 130010。URL 如下：

http：//weather. livedoor. com/forecast/webservice/json/v1

通过在基准 URL 中设定刚刚确认过的 id（6 位数字），就可以取得天气预报的信息。让我们赶快用代码试一试吧。

Console

```
>>>import requests↵
>>>importpprint↵
>>>api_url = 'http://weather.livedoor.com/forecast/webservice/json/
       v1?city=130010';↵
>>>weather_data = requests.get(api_url).json()↵
>>>pprint.pprint(weather_data)↵
```

通过这5行代码，就可以得到东京的天气预报。在第1行和第2行中，导入requests模块和pprint模块，以便使用API，并且以易于阅读的方式显示所获得的数据。在第3行中，将赋值给变量api_url的URL设定为Web API的对象。另外在基准URL中，将想要取得天气预报的地区编号，赋值给city这一变量。然后，在第4行通过使用所熟悉的requests模块的get方法来访问api_url。

第4行的重点在于，它在最后使用了一个新的方法json()。这个json方法将以JSON格式转换成更容易处理的形式。可以将json方法去掉再次运行，确认一下两者的不同之处。在最后的第6行中，使用pprint，表示出更易读的结果。

当使用Web API时，在像这样的情况下，可以通过在url后面添加一个问号（?）来添加信息，格式为“item = data”。在天气预报API的网址中，就是“? city = 130010”。如果有多个item，可以通过在末尾添加&号，同样写上“item = data”，就可以将其传递给URL的请求端了。在上网的时候，看一下URL显示栏（地址栏、URL栏），也会看到在“?”后面写着一些信息。大家平时应该会访问各种各样的网站，可以留心一下这一点。

◆ 使用get方法的params选项

在这个例子中，为了方便理解，将URL和item一起用字符串形式放入变量api_ url中，然后使用了get方法，但随着“items = data”数量的增加，URL会越来越长，以后就很难读懂了。在这种情况下，最好将其传递到一个单独的变量中。

item和data设定为字典类型，在下面的例子中，通过使用params =的get方法自动将它们组合起来。

```
>>>url = 'http://weather.livedoor.com/forecast/webservice/json/v1' >>>pay-
load = {'city':'130010'}↵
>>>weather_data = requests.get(url, params=payload).json()↵
```

JSON 是什么

JSON 是一种表示数据格式的名称。JSON 是"JavaScript Object Notation"的缩写，是基于 JavaScript 编程语言的一种规范。基础语言是 JavaScript，但就像我们也可以通过 Python 来使用它一样，各种编程语言都支持这种格式，当想在不同的编程语言之间交换数据时，就经常会用到它。就像这个 Web API 一样，服务提供者通常以 JSON 格式返回数据，这样就可以很容易地被任何编程语言处理。

即使中间省略了一些，看起来还是有点长，以下就是实际运行的结果。大致浏览一下吧。看看用 requests. get 获取并用 json 方法转换过的数据，你注意到了什么吗？事实上，它已经被转换为 Python 的字典类型，可以把它当作一个字典类型的数据来处理。

运行结果

```
{'copyright': {'image': {'height': 26,
                 'link': 'http://weather.livedoor.com/',
                 'title': 'livedoor 天气情况',
                 'url': 'http://weather.livedoor.com/img/cmn/ livedoor.gif',
                 'width': 118},
              'link': 'http://weather.livedoor.com/',
              'provider': [{'link': 'http://tenki.jp/', 'name': '日本气象协会 '}],
              'title': '(C) LINE Corporation'},
'description': {'publicTime': '2015-12-26T16:40:00+0900',
                 'text': '日本西部和东部被来自西面的高压覆盖,而东部上空
           的低压正在东移。\n'
                     '[关东甲信地区]关东甲信地区多云间晴,
           长野县山区有雨夹雪。\n'
…省略
},
'forecasts': [{'date': '2015-12-26',
                 'dateLabel': '今日',
                 'image': {'height': 31,
                 'title': '晴天',
                 'url': 'http://weather.livedoor.com/img/icon/1.
           gif',
                 'width': 50},
```

```
        'telop': '晴天',
        'temperature': {'max': None, 'min': None}},
      …省略
        'temperature': {'max': None, 'min': None}}],
'link': 'http://weather.livedoor.com/area/forecast/130010',
'location': {'area': '关东', 'city': '东京', 'prefecture': '东京都'},
'pinpointLocations': [{'link': 'http://weather.livedoor.com/area/
   forecast/1310100',
              'name': '千代田区'},
…省略
'publicTime': '2015-12-26T17:00:00+0900',
'title': '东京都 东京的天气'}
```

这意味着可以使用为字典类型提供的方法。天气是一个字典类型，让我们尝试执行keys方法，在用jasonweb方法将天气服务的结果转换为字典型后，可以使用只显示字典的键的方法keys。

Console

```
>>>weather_data.keys()↵
dict_keys(['copyright', 'title', 'description', 'location', 'publicTime',
          'link', 'pinpointLocations', 'forecasts'])
```

已知weather_ data由8个key组成。通过使用这些key，可以只显示自己想要看的数据。要想知道每个键都对应什么样的数据，可以查看字典类型的数据，也可以参考规范页面了解详情。

▶ Weather Hacks > 天气web服务规范

URL http：//weather. livedoor. com/weather_ hacks/webservice

查看一下数据，好像今天、明天、后天的预报都在名为“forecasts”的key中。但这里需要注意的是，forecasts中的数据为“列表”类型，列表中的元素都为字典类型。众多的“嵌套”数据类型可能会让人感到困惑，但我们还是逐一来介绍一下。

为了检查weather_data中的forecasts key的数据，先显示列表类型中的一个元素。

Console

```
>>>pprint.pprint(weather_data['forecasts'][0])↵
{'date': '2015-12-26',
 'dateLabel': '今日',
```

```
  'image': {'height': 31,
            'title': '晴天',
            'url': 'http://weather.livedoor.com/img/icon/1.gif',
            'width': 50},
'telop': '晴天',
'temperature': {'max': None, 'min': None}}
```

现在已经显示了 forecasts 列表中的第一个数据。可以看到，这是一个字典类型的数据，有五个键：date、dateLabel、image、telop 和 temperature。其中最简单的一个 key 名为 telop，只包含一个数据“晴天”。

◆ **轻松获取天气预报**（基础篇）

已知利用 requests，就可以通过天气 Web 服务来获取天气预报信息。但是每次想知道天气情况都要输入刚刚那样的程序就很麻烦。那么让我们来创建一个程序文件，每次只需要执行它就可以取得天气预报。

首先，编辑文本。打开文本编辑器，如本书开头介绍的 Atom，输入下面的程序，并将其保存为 get_weather1.py。在 C 盘中创建一个名为“sample_library”的文件夹，并将其保存。注意，在 Windows 中，需要以 UTF-8 编码保存文件，否则在执行过程中会出现错误。

Text　　get_weather3.py　py

```
import requests
api_url = 'http://weather.livedoor.com/forecast/webservice/json/v1';
payload = {'city':'130010'}
weather_data = requests.get(api_url, params = payload).json()
print(weather_data['forecasts'][0]['dateLabel'] + '天气、' + weather_
            data['forecasts'][0]['telop'])
```

一旦保存好了名为“get_weather 1.py”的程序，我们之后要做的就是运行它。在 Windows 中打开命令提示符或在 Mac 中打开终端，去到保存文件的 sample_library，在 Windows 中输入“python”，或在 Mac 中输入“python3”，然后输入文件名 get_weather1.py。或者在输入“python”或“python3”后，拖放文件并运行。

Console

```
python get_weather1.py ↵
今日天气晴朗
```

观察一下这段代码，它加载了 requests 模块，在 api_url 中制定了获取东京天气的 URL，在 payloa 中指定一个城市，然后使用 requests. get。

```
weather_data = requests.get(api_url, params = payload).json()
```

最后，使用 print 函数显示取得的数据。回忆一下，字符串类型的数据，可以使用 + 进行连接。如果结果显示为“今天天气晴朗”，则程序工作正常。现在只要你想了解天气预报，就可以只用这个程序来获取信息。

出现报错时怎么办

如果提示这样的错误信息，一定要检查文件保存的位置，并在同一文件夹里输入命令。

Console 输出结果

```
python: can't open file 'get_weather1.py': [Errno 2] No such file or
    directory
```

◆ **轻松获取天气预报（应用篇）**

现在我们已经能熟练地使用 requests 模块来做一个获取天气预报信息的程序了。但是我们一开始用 Web API 获取到的是更多的信息，目前的程序只能简单地显示今天的天气。不如更上一层楼，把明后天的天气也显示出来。

为此，将之前的程序修改如下。

Text　get_weather2.py　py

```
import requests
api_url = 'http://weather.livedoor.com/forecast/webservice/json/v1'
payload = {'city':'130010'}
weather_data = requests.get(api_url, params = payload).json()
print(weather_data['forecasts'][0]['dateLabel'] + '天气'
        + weather_data['forecasts'][0]['telop'])
print(weather_data['forecasts'][1]['dateLabel'] + '天气'
        + weather_data['forecasts'][1]['telop']) print(weather_data['forecasts
'][2]['dateLabel'] + '天气'
        + weather_data['forecasts'][2]['telop'])
```

这样就可以查看明后天的天气了。虽然现在这种写法也是对的，但这里其实想要让你意识到一件事。如果仔细观察这个程序，就会发现它重复地做着几乎同样的事情。这时就需要使用3.2节中所学的循环处理方法。如果已经记不清或者忘记了，请回顾“使用 for 进行列表类型的循环操作”。

重复的部分可以用一个 for 来概括，如下所示。

Text　get_weather3.py

```
import requests
api_url = 'http://weather.livedoor.com/forecast/webservice/json/v1'
payload = {'city': '130010'}
weather_data = requests.get(api_url, params = payload).json()
for weather in weather_data['forecasts']:
tab print(weather['dateLabel'] + '的天气' + weather['telop'])
```

对第5行和第6行进行改动。使用 for 将 weather_data ['forecasts'] 中的列表类型依次放入变量 weather 中，然后依次进行同样的处理。由于是顺序对 forecasts 中的数据进行处理，不需要再指定0、1、2等数字。另外，如果给非列表型数据指定游标会报错。此外，这种写法还有一个优点。当 API 返回更多或更少的数据时，不必特别修改这个程序。假如 API 规范发生了变化，收到了“从今天开始的一周的数据”，那么在最初有多个 print 函数的程序中，就必须编写额外的代码来处理增加的数据，但使用 for 循环的话，就不必进行这样的操作。

当使用 for 运行程序时如下所示。可以确认，已经将得到的天气预报信息用 Python 显示出来。

Console

```
python3 get_weather3.py ↵
今日的天气是晴间多云
明日的天气是晴天
后天的天气是晴间多云
```

改进要点

如果你觉得像这样使用“for”的程序很难理解，可以先尝试使用 print 函数打印出 weather 变量的内容，看看到底是什么样的数据。由此，可以一边锁定处理的数据，一边尝试编程。

get_weather4.py

```python
import requests
api_url = 'http://weather.livedoor.com/forecast/webservice/json/v1'
payload = {'city' : '130010'}
weather_data = requests.get(api_url, params = payload).json()
for weather in weather_data['forecasts']:
    print(weather)
```

运行一下，就可以知道 weather 变量中有哪种格式的数据。

输出结果

```
{'telop': '晴间多云', 'date': '2016-01-21', 'temperature': {'min': None, 'max':None},
'dateLabel': '后天', 'image': {'width': 50, 'height': 31, 'url':
'http://weather.livedoor.com/img/icon/2.gif', 'title': '晴间多云'}}
```

◆ **如何使用 requests 访问 API（Wikipedia 篇）**

下面来介绍如何使用 requests，通过 Web API 对 Wikipedia 的信息进行访问的方法。Wikipedia 是一个在线百科全书，其文章数量庞大，种类众多，而且不断增加。它是全球点击率最高的十大网站之一，在世界范围内都十分有名。

▶ Wikipedia

URL https://zh.wikipedia.org/wiki/

要通过程序访问这个 Wikipedia，需要使用 MediaWiki 服务。

▶ MediaWiki 主页（英文）

URL https://zh.wikipedia.org/wiki/MediaWiki

查看网站，会发现除了 Web API 之外，MediaWiki 还提供其他服务，本节将介绍访问 Wikipedia 的 API 以及如何使用它。

▶ 关于 MediaWikiAPI

URL https://www.mediawiki.org/wiki/API:Main_page/zh

首先，检查访问 API 的基准 URL。

https://zh.wikipedia.org/w/api.php

可以通过这个 URL 上的 item，使用 requests.get 来检索 Wikipedia 的信息。另外，如果从浏览器访问这个基准 URL，会跳转到一个页面，上面有如何使用 API 的简单说明。如果感兴趣的话可以去看看。

◆ **从 Wikipedia 获取信息**

下面这就开始编写一个程序，使用 MediaWiki 的 Web API 来检索 Wikipedia 的文章。

```
>>>import requests, pprint
>>>api_url = 'https://ja.wikipedia.org/w/api.php'
>>>api_params = {'format':'json', 'action':'query', 'titles':'椎名林檎',
    'prop':'revisions', 'rvprop':'content'}
>>>wiki_data = requests.get(api_url, params=api_params).json()
>>>pprint.pprint(wiki_data)
```

解说

在第1行导入requests和pprint模块。用，（逗号）将模块隔开一起import。第2行是Wikipedia的API的基准URL。第3行设置要添加到URL中的参数，以指定我们想要的数据格式和内容。在title=后面输入想搜索的字符，它将返回Wikipedia的结果。也可以试着搜索喜欢的东西。在第4行，使用requests模块中的get方法将从Wikipedia取得的结果保存到变量wiki_data中。最后使用pprint来显示结果。

◆ 关于MediaWiki API的查询参数

之前讲过“如何在基准URL后添加信息”，在“?”后添加的信息称为查询参数。虽然它们还有其他几种名称，但我们将在本书中使用查询参数这个名字。因为“query”是“查询”的意思，query parameter就可以理解为“查询时使用的参数”。

如果将本例中的查询参数部分进行细分，可以分为五个部分。

1. format = json
2. action = query
3. titles = 椎名林檎
4. prop = revisions
5. rvprop = content

让我们来快速了解一下各个部分。由于可以设定的项很多，所以先来看看每个查询参数的含义。format是一个参数，允许从几个选项中指定返回数据的格式。这里指定JSON格式的数据，action指定API的类型。由于我们希望查找并返回一个Wikipedia的条目，所以选择“query 查询”。title指定要搜索的项目名称。prop指定要返回的信息。rvprop允许指定更多关于prop指定的项目的详细信息。

更多关于每个项目可以设置的信息，请点击下面的网页进行查看。

▶ 可以在action中指定的内容

URL https：//zh.wikipedia.org/w/api.php

▶ 当在 action 中指定“query”时，可以在 prop 中指定的内容

URL https：//zh. wikipedia. org/w/api. php？ action = help&modules = query

▶ 当在 prop 中指定 revisions 时，可以在 rvprop 中指定的内容

URL https：//zh. wikipedia. org/w/api. php？ action = help&modules = query + revisions

如果想搜索 Wikipedia 并只显示结果，只需按照上面的例子，将 title 参数改为想搜索的名称即可。另外，当改变每个部分的参数时，很难知道将会返回什么样的数据，但 Wikipedia 提供了一个 API 沙盒可以便捷地实现这个功能。

▶ 可试用 API 的页面

URL https：//www. mediawiki. org/wiki/Help：ApiSandbox/zh

当使用浏览器访问此网站时，将看到以下画面。

Fig Wikipedia API 沙盒

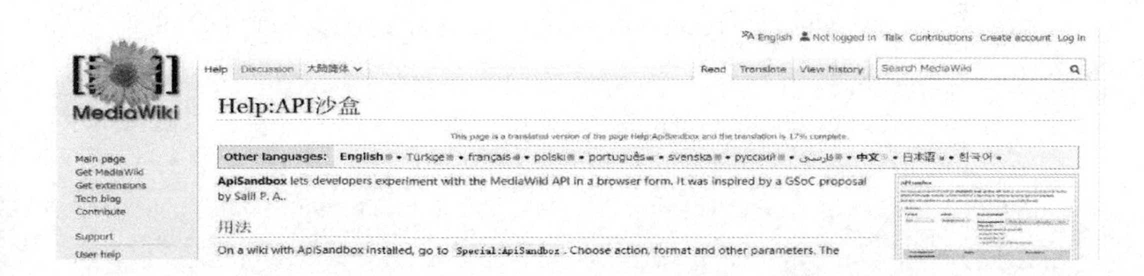

可以选择一个项目，然后按“请求”按钮，即可模拟返回的数据类型。

改进要点 - 从 Python 中打开浏览器

由于 MediaWiki 规范相当细化，同时也比较复杂，所以 Web 上有一些参考用的 URL。对于那些使用 Python 的人来说，想要参考这些 URL 的时候，除了用鼠标点击浏览器打开网址以外，还有一个更聪明的方法。Python 中内置了一个 webbrowser 模块。将其 import 后，将想要打开的 URL 传递给 open 方法，就可以启动浏览器，打开指定的 URL。

console

```
>>>import webbrowser
>>>url = 'https://ja.wikipedia.org/w/api.php'
>>>webbrowser.open(url)
True
```

◆ **从 Wikipedia 中获取信息**（应用篇 1）

现在可以通过程序从 Wikipedia 中获取数据了。但现在的程序还尚有一些不足之处，我们来改进一下。和天气 Web 服务 API 一样，每次要查询一个新项目都要重写程序会十分复杂，在这种情况下，把程序写成一个文件，并且在文件中写入运行结果。

创建以下名为 wiki1. py 的程序文件并运行它。

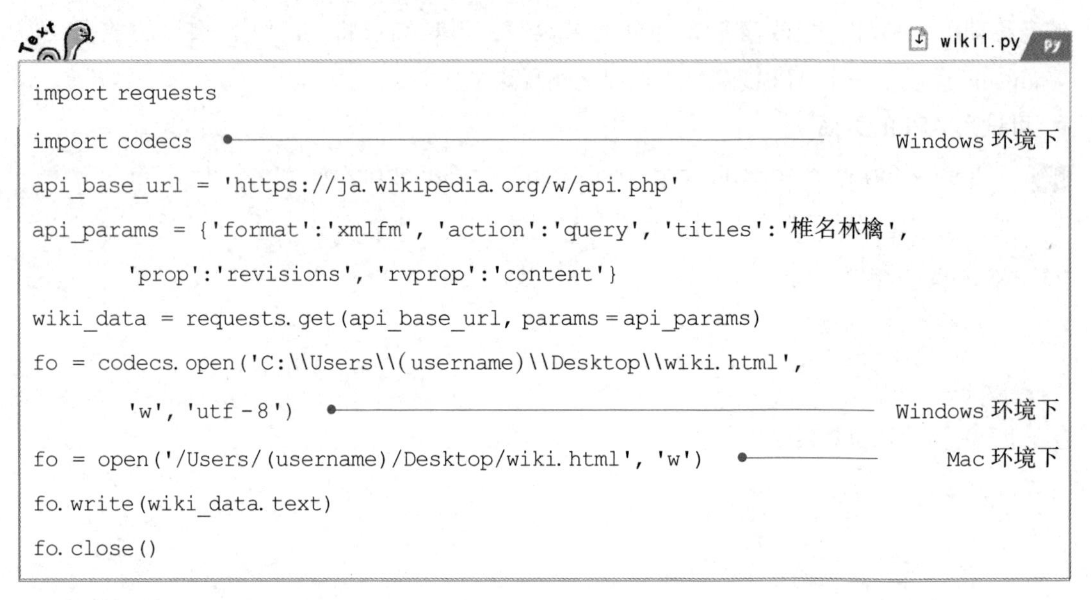

wiki1. py

```
import requests
import codecs                                                    Windows 环境下
api_base_url = 'https://ja.wikipedia.org/w/api.php'
api_params = {'format':'xmlfm', 'action':'query', 'titles':'椎名林檎',
        'prop':'revisions', 'rvprop':'content'}
wiki_data = requests.get(api_base_url, params=api_params)
fo = codecs.open('C:\\Users\\(username)\\Desktop\\wiki.html',
        'w', 'utf-8')                                            Windows 环境下
fo = open('/Users/(username)/Desktop/wiki.html', 'w')            Mac 环境下
fo.write(wiki_data.text)
fo.close()
```

解说

在第 4 行，当指定 api_ params 时，我们将“format”从“json”改为“xmlfm”，以获得 XML 格式的数据[1]，然后形成 HTML 格式[2]。在第 4 行之后，获取的数据被写入文件。根据计算机环境的不同，文件的位置也不同，所以请指定一个目录或者一个文件名，然后创建一个文件。注意，文件名以 . html 结尾。当把文件创建为 HTML 格式后，点击打开它时，就会显示在浏览器中。

◆ **MediaWiki API 的结果**

如果在浏览器中打开保存的文件，它应该如下所示。程序改行后看起来更方便了。本页给 XML 格式的数据添加了 HTML 标签，以便于阅读。虽然 HTML 格式的数据在浏览器中容易读取，但在程序中却很难处理。format 参数只允许改变数据的格式，所以要想得到 XML 格式的非 HTML 版本的数据，可以设置为 format = xml。更多信息，请参见上文提到的 MediaWiki 页面。

---

[1] xml 是将文本中的各种信息分为“信息含义”和“信息内容”来描述的一种格式。

[2] HTML 是一种将信息在浏览器中显示出来的格式。

```
<? xml version = "1.0"? >
<api batchcomplete = "" >
  <query >
    <pages >
      <page _idx = "2771081"pageid = "2771081"ns = "0"title = "椎名林檎" >
        <revisions >
          <rev contentformat = "text/x - wiki"contentmodel = "wikitext"
        xml:space = "preserve" > {{半保护}}
{{在世人物的新闻出处来源 |date =2008 年 3 月 23 日 (日) 01:46 (UTC)}}
{{Infobox Musician
|名前 =椎名 林檎
…省略
```

通过将程序放在文件中，现在可以很方便地搜索 Wikipedia 并将其保存到文件中。但是每当想搜索不同的关键词时，都要打开程序文件，编辑 api_params。这样做有些不便，希望能够在不编辑的情况下指定搜索条件。

◆ **如何向文件传递参数**

现在将 Wikipedia 暂时搁置。使用 Python 的标准库 sys，可以从文件外部传递数据到文件中使用。首先，编写并保存以下程序到文件中。

try_sys. py

```
try_sys.py
import sys print (sys. argv)
```

同样，文件可任意命名，在本例中将其保存为 try_sys. py。现在来运行这个文件。

```
python try_sys. py one two three four! ↵
['try_sys. py', 'one', 'two', 'three', 'four! ']
```

解说

写入文件的第 2 行程序显示了 sys. argv。当运行该程序时，结果显示的是一个列表型数据。可以看到，列表类型数据的第一行包含文件名 try_sys. py，与后面空格隔开的字符串 one、two、three、four! 像这样使用 sys 模块，可以将数据传入程序。

◆ **从 Wikipedia 获取信息**（应用篇 2）

现在我们知道如何将数据传递到文件了。接下来写一个程序，使用下面的格式。

格式

```
python 文件名 检索对象
```

当运行程序时，给它一个“检索对象”，就可以对 Wikipedia 进行相关搜索并把内容保存到文件中。另外，可以用检索内容来命名文件。

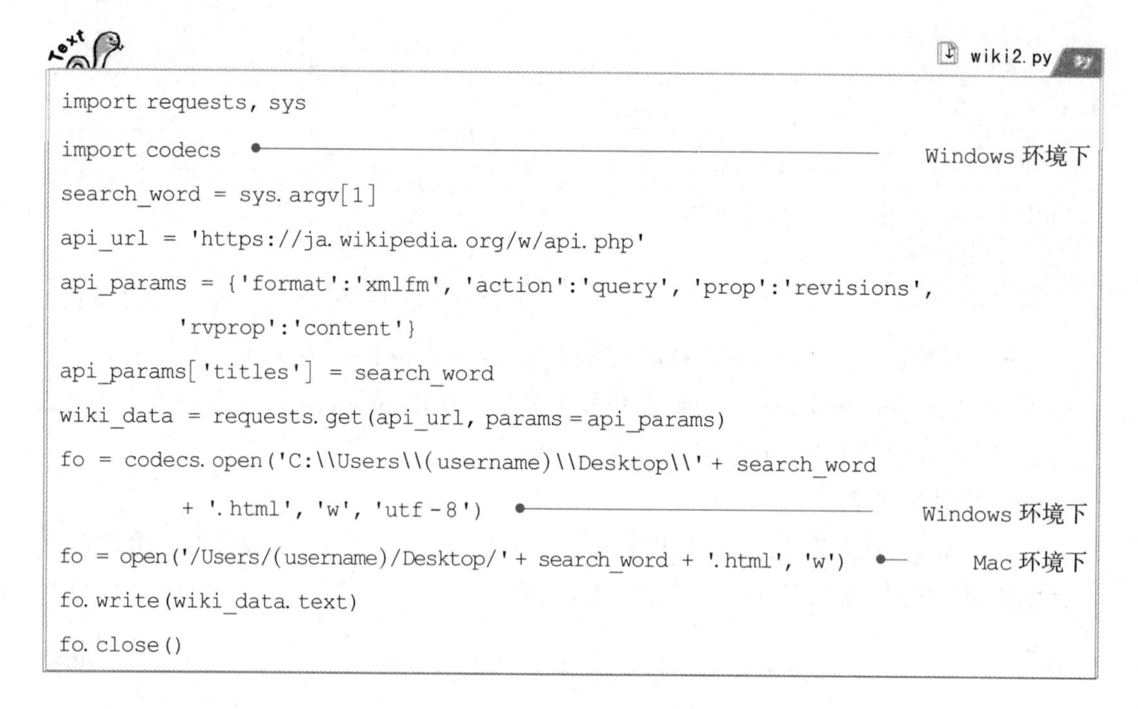

```
import requests, sys
import codecs
search_word = sys.argv[1]
api_url = 'https://ja.wikipedia.org/w/api.php'
api_params = {'format':'xmlfm', 'action':'query', 'prop':'revisions',
        'rvprop':'content'}
api_params['titles'] = search_word
wiki_data = requests.get(api_url, params = api_params)
fo = codecs.open('C:\\Users\\(username)\\Desktop\\' + search_word
        + '.html', 'w', 'utf-8')
fo = open('/Users/(username)/Desktop/' + search_word + '.html', 'w')
fo.write(wiki_data.text)
fo.close()
```


解说

在第 3 行中，访问前面所学的 sys 模块的 argv（一个列表类型的变量），得到检索对象的名称。把这个名称定义给变量 search_word，并在第 6 行把它添加到 api_ params 中，作为查询参数添加至 URL，在使用 open 函数时，也要用它来指定文件名。其余的代码和目前看到的一样。但如果尝试从交互式 shell 中运行它，在第 3 行 sys. argv［1］（第一个 argv）会出错。这意味着当编写和运行程序时，argv 中没有数据，因为当从文件中运行程序时，数据会写入 argv 中。

从控制台按如下方式运行程序，以确保搜索结果确实被写入文件并正确地存储在程序指定的位置。

Console

```
pythonwiki2.py 东京事变↵
```

由于 sys. argv 是一个列表类型的变量，可以通过使用 sys. argv 获得多个参数。通过调整代码可以从参数中获得文件名和文件的位置。来试一试吧。

Web API 使用须知

我们已经学习了如何通过使用 requests 模块来获取网站上显示的数据，以及通过使用一种叫作 Web API 的机制来检索数据。这里有几点需要注意。

◆ **Web API 在不断变化**

如果是免费的 Web API，其规范可能会在我们不知情的情况下发生变化。由于规范的变化，Web API 突然变得无法使用的情况并不少见。另一方面，也存在 Web API 服务被终止，完全无法使用的情况。虽然很遗憾，但这也是没办法的事，Web API 公司之所以提供免费的 Web API，就是为了提高服务的使用率和知名度。如果他们不继续达成这些目标，将很难继续提供 Web API 服务。另一方面，当规范发生变化时，总会有新规范的文档被发布。如果 Web API 突然停止工作，可以查看已发布的文档，了解程序发生了什么变化，并进行修复。

◆ **注意不要过度使用 Web API**

你知道“DoS 攻击”或“F5 攻击”吗？简单来说，这 2 种类型的攻击会使得 Web 用户无法浏览网页。当对网站的 URL 等提出大量的访问请求时，服务器会尝试响应这些请求，但当服务器无法再处理这些请求时，网站就无法显示。

之所以提到这个话题，是因为如果以程序化的方式向 Web API 发送大量的访问，即使我们并不打算这样做，但最终也可能会演变成 DoS 攻击。为此，一些 Web API 有固定的每小时访问次数，而另一些则根据程序的使用次数收取费用。

“天气 Web 服务”和“Wikipedia”都是免费的，没有使用限制。应注意不要过多地访问这些网络 API。虽然没有特定的标准，但应该争取最快每 10 秒访问它们一次。

本节将介绍如何使用 Python 从网络站点收集信息。这里需要进行“抓取”与“刮取”。

抓取与刮取

抓取（Crawling）意思是指在 Web 网站上取得原始信息时，来源于 craw 一词，意为贴地爬行。

刮取（Scraping）是指对抓取收集到的数据进行提取和再造。来源于 scrape 一词，意为刮去。

例如，在第一次引入 requests 库时，检索了“Yahoo！Japan”。当时获取的数据是我们通常在浏览器中看到的数据的 HTML 格式。获取这些数据的过程叫作抓取。而刮取是依靠 <html> </html> 等符号和字符，从获取的 HTML 格式文件中提取必要信息的过程，这些符号和字符称为 HTML 标签（Tag）。

BeautifulSoup 4 是什么

BeautifulSoup 4 是一个用于刮取的模块。“BeautifulSoup”这个不寻常的名字似乎是一个隐喻，指的是一个由各种 HTML 标签等组成的网页，像“大杂烩”炖汤一样。使用 BeautifulSoup 4，可以关闭并处理这些忘记关闭的标签。这也许就是 BeautifulSoup 4 名字的由来，就好像把网络上杂七杂八的资料收集起来，煲成一锅靓汤。需要注意的是，之前的 BeautifulSoup 3 版本与 Python 3 不兼容。

▶ BeautifulSoup 4 官网

URL https://www.crummy.com/software/BeautifulSoup/bs4/doc.zh/

BeautifulSoup 4 的安装

BeautifulSoup 4 至今都一直可以用 pip 命令（Mac 上的 pip 3）安装。

```
pip install beautifulsoup4 ↵
```

接下来确认是否安装成功。注意大、小写字母的区别。然后在交互式 shell 中输入以下程序，确定可以 import 成功。注意不要在“Beautiful”和“Soup”之间插入空格，也不要将其中的大写字母改为小写，否则会报错。

```
>>>from bs4 import BeautifulSoup ↵
>>>soup = BeautifulSoup("<html> Lollipop </html>","html.parser") ↵
```

如果没有报错，准备工作就完成了。在第 2 行中，第二参数“html. parser”指定了用于读取 html 的程序。html. parser 是 Python 内置的解析器。

使用 BeautifulSoup 4 挑战爬虫

首先，来看看使用 BeautifulSoup 4 的基本方法。

```
>>>import requests ↵
>>>from bs4 import BeautifulSoup ↵
>>>html_data = requests.get('http://yahoo.co.jp') ↵
>>>soup = BeautifulSoup(html_data.text,"html.parser") ↵
>>>soup.title ↵
<title>Yahoo! JAPAN</title>
```

解 说

首先来获取数据。这次的道具是我们一直使用的 requests 模块。使用这些取得的数据和解析器（parser），一种解析 HTML 的程序（在本例中，html. parser），创建一个 BeautifulSoup 类，定义成名为“soup”的变量。利用“soup”变量，在确认信息的同时，将必要的信息剪切出来，这就是利用 requests 模块及 BeautifulSoup 进行爬虫的过程。

最后，在第 5 行输入“soup. title”。这样一来，如果给“soup”变量中指定了要剪切的元素，就可以从 HTML 数据中剪出 title。看一下运行结果，可以发现标题“Yahoo! JAPAN”已经从标题标签 <title> </title> 中被裁剪出来。

◆ 刮取“Yahoo! News”RSS

现在，作为使用 BeautifulSoup 4 进行刮取的第一步，尝试从 Yahoo! JAPAN 提供的新闻 RSS 源中检索文章标题。在深入探讨之前，先来谈谈“RSS”，RSS 是一种基于 XML 的格式，它总结了 Web 网页的标题，以及每次更新的时间。像 Yahoo! Japan 这样用户众多的网站，订阅 RSS 的人非常多。可以找到 RSS 图标，如下图所示。即使你从来没有听说过 RSS，可能以前也见过这个图标。

Fig　RSS 图标

RSS 的主要目的是通过一种叫作 RSS 阅读器（Reader）的服务，向用户提供订阅网站的更新。它还有很多其他的用途，但在这里最好理解为“以程序化、易操作的形式对网站进行快速总结”。这里有一个页面，汇集了 Yahoo! JAPAN 提供的所有 RSS 新闻源。

▶ Yahoo! RSS 新闻源

URL　http://headlines. yahoo. co. jp/rss/list

找到想从这个页面阅读的新闻，单击“RSS”按钮，打开 RSS 的页面。

Fig　Yahoo! News – RSS

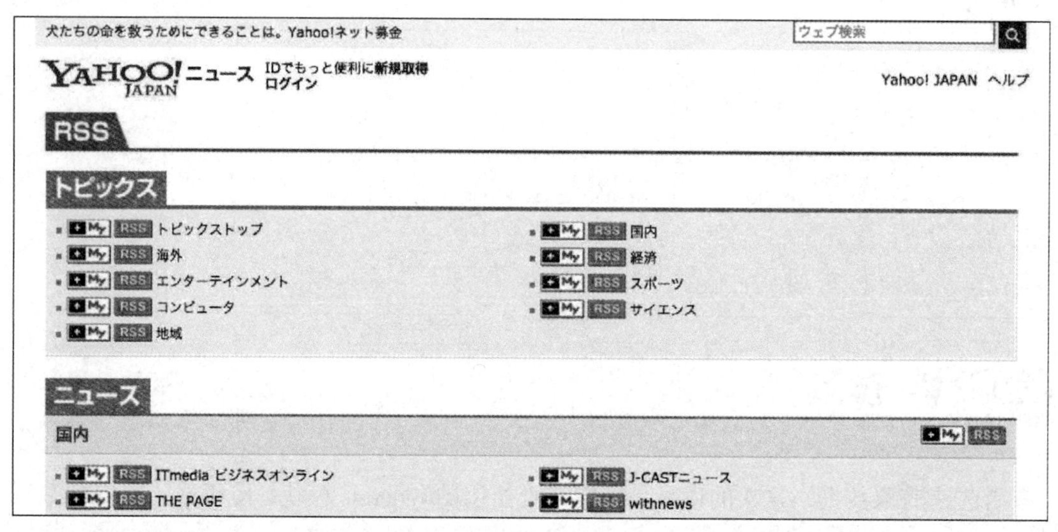

单击“RSS”按钮将显示 XML 格式的页面。

Fig 单击 “RSS” 按钮，显示 RSS 格式的新闻。

XML 格式是基于 XML 标签（Tag）构成的，如 <channel> 和 <title>。这些标签具有以下特点。

- ▶ 开始标签 <title>，结束标签 </title>，以此类推，在标签名前加个/（斜杠）就是结束标签。
- ▶ 开始标签和结束标签成对出现。
- ▶ 标签可以嵌套。例如，在一个 <channel> 的开始标签和结束标签之间有一个 <title> 标签的状态叫作“title 标签在 channel 标签中”。

在刮取信息的时候，需要检查哪个标签包含了想要的信息。在这个例子中，<item> 标签里的 <title> 标签中写到“元旦 0 点开始 30 分钟内，禁止使用手机”，这句话似乎是在描述新闻内容。这次的目标就是获取这篇文章。利用 requests 模块获取这个页面的数据，然后将数据设置为 BeautifulSoup4 中的变量“soup”。我们“用数据作为原材料来煲汤”。

console

```
>>>import requests↵
>>>from bs4 importBeautifulSoup↵
>>>yahoo_tech_news_xml = requests.get('http://news.yahoo.co.jp/pickup/
    computer/rss.xml')↵
>>>soup = BeautifulSoup(yahoo_tech_news_xml.text,"html.parser")↵
>>>type(soup)↵
```

```
<class 'bs4.BeautifulSoup'>
>>>soup.findAll('item')↵
[<item>
 <title>元旦 0 点开始 30 分钟内,禁止使用手机</title>
 <link/>http://news.yahoo.co.jp/pickup/6185824
 <pubdate>Tue, 29 Dec 2015 21:05:08 +0900</pubdate>
 <enclosure length="133"type="image/gif"url="http://i.yimg.jp/images/
    icon/photo.gif">
 </enclosure>
 <guid ispermalink="false">yahoo/news/topics/6185824</guid>
 </item>,
…省略
 </enclosure>
…省略
]
```

解 说

为了便于解释，在第 6 行使用了 type 函数来检查 soup 的内容。soup 是 bs4 模块中的 BeautifulSoup 类。而第 6 行中使用的 findAll 方法是一个查找所有传递给参数的标签并返回结果的方法。结果的数据被设计为在 for 循环中处理，程序如下。

console

```
>>>for news in soup.findAll('item'):↵
... tab print(news.title)↵
... ↵
<title>FB 呼吁印度允许免费上网</title>
…省略
<title>NEC 手机:"终点的方向"</title>
```

将 item 标签中所包含的数据放入 news 变量中，重复执行 print 函数，次数为 item 的元素的个数。print 函数将打印变量 news 中的数据，以及 title 标签中的内容。

如果在 news.title 后添加一个 . string，并将其传递给 print 函数，如下所示，可以只提取并显示 <title> 标签中的字符串。

```
... tab print(news.title.string)
```

◆ 刮一刮 Amazon

现在尝试使用 BeautifulSoup 4 来刮取 Amazon. co. jp。刮取时首先要做的是思考想得到什么样的数据。本例中，要看的是 Amazon 的新游戏排行榜，由于 Amazon 每个类别都有一个排名（ranking）页面，所以先用浏览器找到相应的页面。

▶ Amazon 新游戏排行

URL http：//www. amazon. co. jp/gp/new-releases/videogames/637394

和之前一样，找到 URL 后，通过 requests 得到页面的 HTML 数据，然后用 Beautiful-Soup 4 做一个 soup。下面的专栏将介绍如何使用浏览器检查 HTML。如果觉得有难度，可以直接跳到下一步。如果对 HTML 感兴趣并且想利用 Python 爬虫的话，就来试试吧。

在开发者工具中看一看 HTML

HTML 和 XML 页面的区别在于标签的数量。HTML 数据为了在浏览器中显示，它的结构比 XML 复杂。为了依靠标签来获取想要的信息，需要知道这些数据存放在什么标签里面。例如在 Chrome 浏览器中，有一种方法可以找到想要的数据，那就是在浏览器中显示 URL，使用鼠标右键点击页面“查看页面来源”，然后在浏览器中搜索想要的数据。这种方法虽然简单，但根据页面的不同，可能要在大量的 HTML 中搜索到想要的信息，可能非常困难。这时就要用到浏览器内置的开发者工具了。

在各浏览器中启动开发工具的步骤如下。在要检查的 Web 网页打开时运行该工具。

▶ Chrome（开发者工具（developer tool））：

Windows：按键盘最上面一排的 F12 键

Mac：同时按 Command + Option + I 键

▶ Firefox（开发工具）：

Windows：同时按 Command + Shift + I 键

Mac：同时按 Command + Option + K 键

▶ Safari（“开发”菜单（menu））：

在 Safari 偏好设置中，进入“高级”选项卡，启用“在菜单栏中显示”开发“菜单”

Mac：同时按 Command + Option + U 键

▶ Internet Explorer（开发者工具）

Windows：按 F12 键

在本书中，将以 Chrome 浏览器中的开发者工具（developer tool）为例进行介绍。当打开开发者工具时，会看到 Web 网页在上面，开发者工具在下面。如果点击开发者工具上方菜单最左边的箭头图标，就能看到“该元素是由什么 HTML 表示的”。点击顶部显示的 Web 网页排名第一的标题。产品页面链接和产品名称的 HTML 将显示在开发工具界面的标签之间。可以看到，排名靠前的产品标题是 HTML 结构的。

```
…省略
<div id="zg_item_row">
…省略
    <div class="zg_title">
        <a href="http://amazon.co.jp/…省略"> Fallout 4 </a>
    </div>
…省略
</div>
…省略
```

根据 HTML 标签提取要素的代码如下。

Console

```
>>>import requests↵
>>>from bs4 importBeautifulSoup↵
>>>game_ranking_html = requests.get('http://www.amazon.co.jp/gp/
    new-releases/videogames/637394')↵
>>>soup = BeautifulSoup(game_ranking_html.text,"html.parser")↵
>>>soup.find(class_='zg_itemRow').find('a').imp['alt']↵
'PS 4'
```

创建完 soup 后，使用 find 方法，寻找传给参数的标签，并在第一个找到的地方抓取。之后可以反复使用 find 方法来获得想要找到的产品名称。确认这一功能后，使用 findAll 方法获取页面上显示的排名。

关于 find 方法的注意事项

用 find 方法搜索 HTML 的 class 名时，需要指定“class_='类名'”而不是“class='类名'”，需要加上_。这是因为在 Python 程序中，“class”是保留给 Python 中的类使用的关键字。

```
>>>import requests↵
>>>from bs4 import BeautifulSoup↵
>>>Same_ranking_html = requests.get('http://www.amazon.co.jp/gp/
>>>Soup = BeautfulSoup(game_ranking_html.text,"html.parser")↵
>>>for game in soup.findAll(class_ = 'zg_itemRow'):↵
... tab print(game.find(class_ = 'zg_rankNumber').string + game.imp['alt']↵
1. PS 4
2. 怪物弹珠
3. 任天堂 IDS[口袋怪物绿色]限定版
…省略
19. 数码暴龙世界 - next Order -【首发限定】可通过产品代码获得首发提供的 5 大特别优惠
20. 奥丁领域[先到先得优惠特享]硬装版,附《奥丁领域艺术手工》
```

我们已经能够按照排名获得产品名称，并且取得了“zg_rankNumber”的值，也显示了该产品的其他数据排名。如果想获得发售日期、价格等其他信息，可以通过查看标签信息进行添加。

正如前面所说的，HTML 页面的标签比 XML 多，但它们的基本流程是一样的。你可能已经注意到了，Amazon 的排名页面其实是通过 RSS 发布的。

▶ Amazon 游戏的新排名 RSS

URL http：//www.amazon.co.jp/gp/rss/new-releases/videogames/637394

如果在使用 HTML 版本时有问题，也可以试着用这种方法打开它。

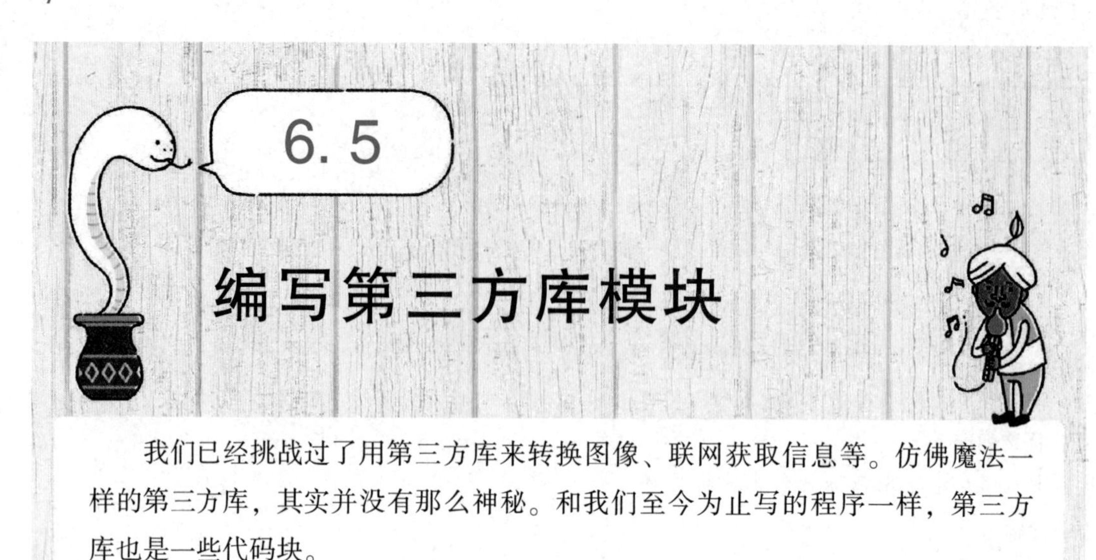

6.5 编写第三方库模块

我们已经挑战过了用第三方库来转换图像、联网获取信息等。仿佛魔法一样的第三方库，其实并没有那么神秘。和我们至今为止写的程序一样，第三方库也是一些代码块。

下面就让我们来试着创建一个库，使用 import 关键字将其加载到程序中，然后使用它吧。如果能做到这一点，那你就是库的开发者了。可以复制库文件并把它传给朋友，或者在互联网上发布，这样使用 Python 的人就都可以使用我们的库。库有两种形式：包和模块。这里要创建的是模块。

如何编写模块

“编写模块”听起来似乎很困难，但只要编写的话其实并不难。简单地说有以下两步：

1. 将要制作成模块的过程写在一个文件中。
2. 将 1 中写好的过程以任意名字保存。

只需这 2 步就可以创建一个模块。可以写个程序试试。打开编辑器后，编写以下程序，并保存在名为 newyear1. py 的文件中。

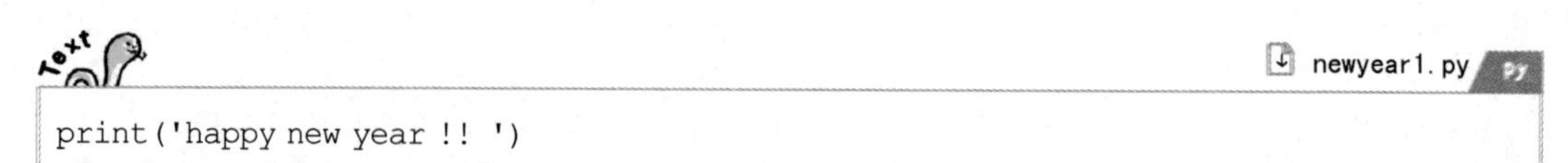


```
print('happy new year !! ')
```

现在有了一个模块叫“newyear1”，下一步是加载模块。从保存文件的同一位置启动交互式 shell。在加载模块的时候，已经保存了一个叫 newyear1. py 的文件，所以这里 import newyear1。

```
>>>import newyear1
happy new year !!
```

模块加载成功。但是在加载模块的同时，模块里的print函数也会执行。每次加载模块时，模块的内容都被执行，这并不是很好。为了防止模块在加载时被执行，可以使用Python提供的_name_变量。当我们在3.3节中介绍dir函数时，提到“如果你在没有任何参数的情况下运行它，它将向你展示可以在该位置使用的变量、类和方法”。通过dir来判断_name_是否可以使用。运行一个交互式shell，如下所示。

```
>>>dir()
```

像这样在执行dir函数时没有任何参数，将会看到以下的内容：

输出结果

```
['__builtins__', '__cached__', '__doc__', '__loader__', '__name__', '__
        package__', '__spec__''newyear1']
```

第5个就是_name_。而如果使用print函数来显示__name__，可以看到它包含了字符串 _main _。

```
>>>print(__name__)
__main__
```

当在交互式shell中运行或直接执行一个文件时，变量__name__被视为“__main__”。另一方面，当用import作为模块加载时，变量__name__被视为模块的名称。下面来试试吧。保存文件newyear2. py，如下所示。

newyear2. py

```
print(__name__)
```

用exit()退出交互式shell，再启动它，然后import。

```
>>>import newyear2
newyear2
```

由于模块的名称是newyear 2，所以将__name__设置为newyear 2，在print函数中显示。可以使用这个功能来防止模块在 import 时被执行。

newyear3. py

```
if __name__ == '__main__':
    print('happy new year !! ')
```

创建 newyear 3. py 后，再次启动交互式 shell 并 import。

```
>>>import newyear3 ↵
>>>
```

与之前不同的是，什么都没有显示。现在可以确认，即使 import 模块也不会导致 print 函数被执行。

尝试创建实用的模块

为了向大家展示如何制作一个模块，我们刚刚创建了一个简单的模块，使用 print 函数来打印一串文本。为了帮助大家以后创建一个好的模块，我们来做一个简单而更加有用的模块。它包含一个函数，可以提供月份的编号，并返回月份的农历名称。

首先，在编辑器中编写以下程序，并以 monthname. py 为名保存文件。

monthname. py

```
def japanese(month):
    month_name = {
        1:"睦月", 2:"如月", 3:"弥生", 4:"卯月", 5:"皋月", 6:"水无月",
        7:"文月", 8:"叶月", 9:"长月", 10:"神无月", 11:"霜月", 12:"师走"
    }
    try:
        response = month_name[month]
    except:
        response = '请输入月份'

    return response
if __name__ == '__main__':
    print('这是该模块的文件,可以 import 后使用它')
```

现在，在程序中加载这个小模块并使用它。通过 5. 3 节来获取 monthname. py 的位置，并启动交互式 shell。

```
>>>import monthname
>>>monthname.japanese(1)↵
'睦月'
>>>monthname.japanese(8)↵
'叶月'
>>>monthname.japanese(12)↵
'师走'
```

解说

本程序的关键点是异常处理以及字典类型数据的使用。japanese 函数接收一个参数，是一个代表月份的 1 到 12 的数字。然后使用参数 month 来查找字典类型数据中的月份。如果传递了一个不在字典类型中的键（除了 1 到 12），就会报错，但由于是在 try 中写的过程，所以错误会被捕捉，并跳转至 except。然后在变量 response 中输入“请输入月份”的错误提示，用 return 返回 response，并将信息返回给调用者。

另外，如果直接运行模块 monthname . py 而不是 import，会向用户显示警告：“这是一个模块的文件，请在 import 后使用”。⊖

```
>>>monthname.japanese(15)
'请输入月份'
>>>monthname.japanese('nyan')
'请输入月份'
```

我们可以看到，如果退出交互式 shell，原样运行 monthname. py，会得到以下提示。

```
pythonmonthname.py↵
这是一个模块的文件,请在 import 后使用。
```

我们已经完成了一个小模块，如果输入一个介于 1 和 12 之间的数字，它可以正确地返回月份的名称，如果传入任何其他数字（如 0 或 13）或字符串，会显示一个错误信息

⊖ 因为直接运行模块的文件并不是我们的意图。

(Error message)。

关于库、包和模块

正如我们所学到的，import 是一个有用且重要的功能，它扩展了 Python 的用途。作为这个功能对象存在的“库”“包”和“模块”也经常被提到。虽然在4.3 节的开头部分进行了简单的说明，不过还是需要分别对它们做更详细的讨论。另外，库、包、模块这些术语在其他编程语言中也是通用的，但以下讨论仅仅在 Python 的基础上展开。

◆ **模块**

一个模块是在一个名为 xxx. py 的文件中的功能集合。通过运行“import xxx”来加载它。

格式

```
import(文件名)
```

◆ **包**

一个包是“一个文件夹中的模块集合”。在 yyy 文件夹中，包含着 aaa. py 和 bbb. py 这样的模块文件。通过运行“import yyy. aaa”以及“import yyy. bbb”来加载。

为了使一个文件夹能够被 Python 2 识别为一个包，它必须包含一个名为 _init_. py 的文件。文件_init_. py 可以为空。

格式

```
importyyy. aaa
```

◆ **库**

库没有严格的定义,它是模块或包的通用术语。比如 Python 中称为标准库的 calendar 模块和 tkinter 包中的程序,放在“Lib”文件夹里,Lib 是 Python 中“Library”的简称。我们把“Lib”文件夹下的模块和包统称为标准库。

库的程序放在哪里?

Python 有一种方法可以找到导入(import)和加载的模块和库的位置。下面马上来试一试。可以将想要查找的模块指定给_file_,使用 print 函数表示出来,如下所示。

Console

```
>>>import calendar↵
>>>print(calendar.__file__)↵
/Library/Frameworks/Python.framework/Versions/3.5/lib/python3.5/
    calendar.py
```

按照calendar.py目录（directory），我们可以看到是从这里所示的位置导入calendar.py的。如果看一下calendar.py文件里面的内容，会发现标准库的calendar模块也是用本书中所熟悉和喜爱的Python语法编写的。想到专家们写的Python程序就在计算机里可以自由阅读，很有意思吧？我们举一个calendar模块的例子，判断是否是闰年的函数用简单的一行即可完成。

```
def isleap(year):
    """Return True for leap years, False for non-leap years."""return year % 4 =
    = 0 and (year % 100 ! = 0 or year % 400 = = 0)
```

我想你应该学到了很多东西吧，阅读一下其他程序试试吧。请注意，如果改变了"calendar.py"的名称，就无法成功import calendar了。

第 7 章　编写应用程序

到目前为止，我们已经学习了如何在终端或命令提示符界面中运行交互式 shell，也了解了很多 Python 的用途。在本章中，将通过编程学习用 Python 制作一个日常使用的带有按钮和菜单栏的 GUI 应用程序。

Python 内置了 tkinter 库[⊖]用于创建 GUI 应用程序。tkinter 是 Tool Kit Interface 的缩写，可以像其他第三方库一样使用 import 加载。这里将使用 tkinter 创建一个简单的 GUI 应用程序。

▶ Python 官方的 tkinter 页面

URL https://docs.python.org/zh-cn/3.5/library/tkinter.html

开始学习 tkinter

使用 tkinter 创建一个 GUI 应用程序的方法简单总结为以下步骤。

1. 使用 tkinter 模块用程序创建一个 GUI 画面。
2. 在程序中描述“通过 1 操作在下列程序中创建的 GUI 画面，要执行什么样的过程？”

各版本之间的差异

tkinter 中的第一个“t”是大写还是小写，取决于 Python 的版本：Python 2 中 import Tkinter 是大写，Python 3 中 import tkinter 是小写。

第一步，使用 tkinter 模块用程序创建一个 GUI 画面。像往常一样启动交互式 shell，并执行以下 3 行代码。

⊖ tkinter 没有官方的读法，但通常被称为“t-k-inter”，也有人称它为“t-kinter”。

Console

```
>>>import tkinter as tk↵
>>> base = tk.Tk()↵
>>> base.mainloop()↵
```

解说

第1行将tkinter模块import为tk，第2行从tkinter实例化Tk()类，它是应用程序的基类。

```
import tkinter as tk
base = tk.Tk()
```

执行代码会出现如下弹窗。

Fig　tkinter（左：Windows、右：Mac）的初始画面

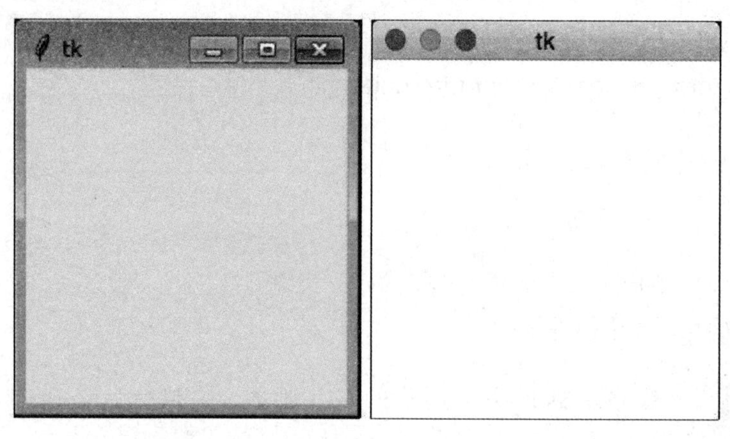

如果控制台处于全屏模式，可能看不到这个弹窗。试着将控制台的屏幕缩小或最小化一次。此外，确保有以下标志性的应用程序在运行。Windows，在任务栏中查看；Mac，在Doc中查看。

Fig　应用程序图标

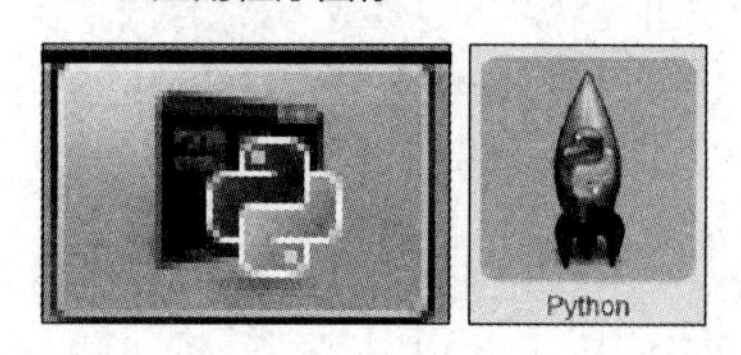

解说

最后一行的mainloop函数的功能是保持初始画面的显示，之后可以操作画面上的插

件，并将程序操作反应在画面上。

```
base.mainloop()
```

但是，当在交互式 shell 中开发时，则不需要调用 mainloop 函数来维持画面或者接受处理。当运行写在文件中的程序，启动应用程序时，才需要用到 mainloop 函数。如果在将本程序写入文件时，没有在第三行写上 mainloop 功能，程序启动后虽然有弹窗显示，但画面会瞬间消失。

在交互式 shell 中运行程序时不需要 base. mainloop( )，我们在本章目标中要创建的程序将被写入文件并从 Python 命令中调用，所以还是需要再次提醒自己不要忘记这行代码。

在画面中添加组件

接下来学习如何使用 tkinter，一步一步看看它能用来做什么。首先，在画面上放置一个按钮。关闭上一个程序创建的窗口，进入并执行交互式 shell 中的下一个程序。

console

```
>>>import tkinter as tk
>>>base = tk.Tk()
>>>button = tk.Button(base, text='PUSH!')
>>> button.pack()
```

在执行完第 4 行后，现在应该看到仅有一个按钮的弹窗，如下图所示。如果是这样的话，请确保可以用鼠标单击按钮。不过单击这个按钮的画面不会有任何变化。这是因为没有指定单击按钮后的处理动作。就好像只是设计了一个游戏画面一样。

Fig 按钮配置完成！

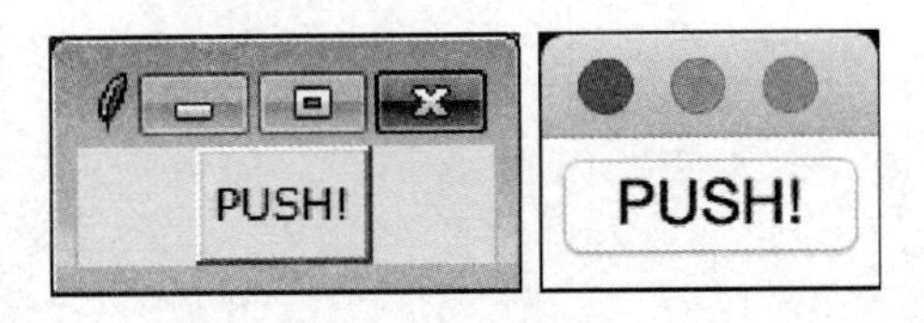

这里有两个重点：第一，如何制作按钮；第二，如何放置按钮。先说说“如何制作按钮”。在程序的第 3 行，实例化了一个叫作 Button 的类，这个类属于 tkinter，因为之前把 tkinter 缩写成了 tk，所以这次将实例化写成 tk. Button（参数）。

```
button = tk.Button(base, text='PUSH!')
```

tkinter为每种类型的组件提供了一个类，可以通过将组件的配置项作为参数来实例化，以创建一个插件。其格式如下：

格式

```
tk.组件的类(父实例,配置项1 = xxxx,配置项2 = yyyy,.....)
```

为了放置组件，首先需要指定放置的位置。当在桌面上放置一个文件或文件夹时，可以用鼠标自由放置。如果把放置位置系统地分为两大类，主要可以从两个角度出发。即“1 在什么上面，2 在什么位置放置。”1 可以看作是父实例。实例表示的是放在哪个组件上的组件。2 可以看作接下来要讲到的 pack 方法。作为类的第一参数，需要指定一个实例来放置组件。在这种情况下，把它放在基屏上，所以把第一参数作为 base。而第二个及以后的参数是该组件的配置项。根据组件类型的不同，可以传递的参数也不一样，这次只传递一个名为“text”的参数，用来设置按钮上显示的文字。在按钮的类中，还有很多配置项目，如 width 和 height，可以设置按钮的大小。

到这里已经配置了想要的按钮。然而此时，按钮还没有出现在屏幕上。使用第 4 行的 pack( )语句可以显示按钮。

```
button.pack()
```

运行这个 pack 方法时，它会将组件从上至下放置在一个基屏中。现在来试着创建一些按钮，并使用 pack 方法将它们安置起来。

另外，像这次这样，需要重复同一段代码的时候，可以用↑键显示过去输入的代码，然后将光标移动到要修改的地方（如 button2 的 2）。

Console

```
>>>import tkinter as tk
>>>base = tk.Tk()
>>>button1 = tk.Button(base, text='push1')
>>>button2 = tk.Button(base, text='push2')
>>> button3 = tk.Button(base, text='push3')
>>> button1.pack()
>>>button2.pack()
>>>button3.pack()
```

Fig 放置3个button

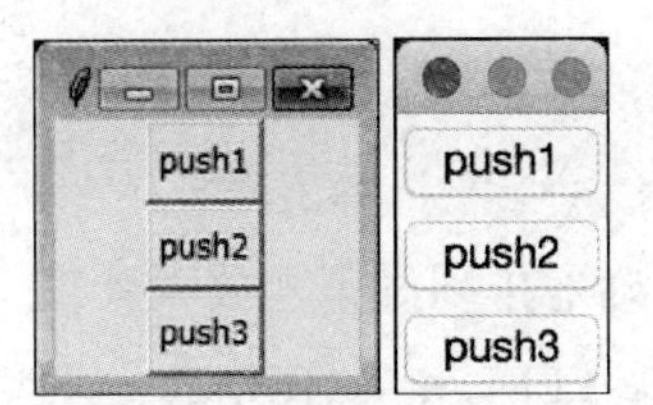

pack 方法提供了一个选项来指定放置组件的位置。通过该选项，可以为组件指定一个与“从上至下”不同的摆放方法。例如 side 选项可以用来改变组件排列的方向。

Table side 选项可用来设置排列模式

配置项	内容
tk. TOP	从上至下排列（默认）
tk. LEFT	从左至右排列
tk. RIGHT	从右至左排列
tk. BOTTOM	从下至上排列

参考这个表格，来改变前面程序中几处 pack 方法，重新排列组件。

```
>>>importt kinter as tk↵
>>>base = tk.Tk()↵
>>>button1 = tk.Button(base, text='push1', width=20).pack()↵
>>>button2 = tk.Button(base, text='push2', width=20).pack(side=tk.LEFT)↵
>>>button3 = tk.Button(base, text='push3', width=20).pack(side=tk.RIGHT)↵
```

解说

下面从第3行开始看吧。

```
>>>button1 = tk.Button(base, text='push1', width=20).pack()
```

虽然只是一行代码，但是很关键。

1. 实例化 Button 类。
2. 调用 pack 方法。
3. 设置 button1 变量。

一行代码同时实现了三种处理。此外，当实例化 Button 类时，指定“要放置的实例”“要显示的文本”和“组件的宽度”作为参数。

在接下来的两行，调用 pack 方法时用 side 选项指定位置。

```
>>>button2 = tk.Button(base, text='push2').pack(side=tk.LEFT)↵
>>>button3 = tk.Button(base, text='push3').pack(side=tk.RIGHT)↵
```

下一个画面中的按钮放置好了吗？程序运行后按钮应该准确地排列好了，放大弹窗时，push2 与 push3 按钮也会分别向左或向右扩大。这是因为 tk.LEFT 和 tk.RIGHT 这两个选项决定了 tk.LEFT 填充到左边，tk.RIGHT 填充到右边。

Fig 放置 3 个按钮

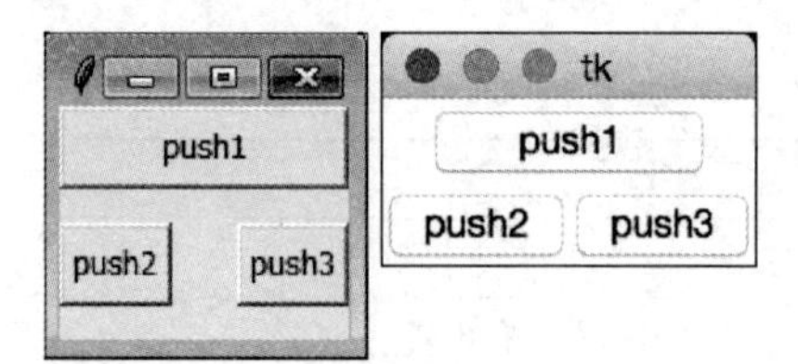

pack 以外的位置指定方法

还有其他方法可以指定组件的位置，比如 grid 和 place 方法。

◆ grid 方法

grid 这个词的意思是网格。grid 方法类似于 Excel 表格，通过指定 row（行）和 column（列）来指定组件的位置。

Console

```
>>>import tkinter as tk↵
>>>base = tk.Tk()↵
>>>button1 = tk.Button(base, text='push1')↵
>>>button2 = tk.Button(base, text='push2')↵
>>>button3 = tk.Button(base, text='push3')↵
>>>button1.grid(row=0, column=0) ↵
>>>button2.grid(row=0, column=1) ↵
>>>button3.grid(row=1, column=1)↵
```

Fig 用 grid 指定位置

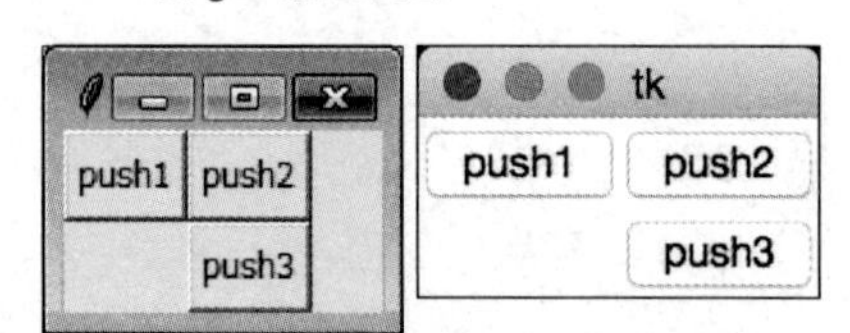

解说

创建完3个按钮后，将push1 按钮放在左上角（横0 行，纵0 列），push2 按钮放在紧挨push1 按钮的右边（横0 行，纵1 列），push3 按钮放在push2 按钮的下方（横1 行，纵1 列）。当想创建许多像这样的按钮时，这种方法很方便。

◆ place 方法

其次，可以使用place 方法，它可以以x 和y 坐标指定组件的位置。

Console

```
>>>import tkinter as tk↵
>>>base = tk.Tk()↵
>>>button1 = tk.Button(base, text='push1')↵
>>>button2 = tk.Button(base, text='push2')↵
>>>button3 = tk.Button(base, text='push3')↵
>>>button1.place(x=0, y=0)↵
>>>button2.place(x=50, y=30)↵
>>>button3.place(x=100, y=60)↵
```

Fig 用place 指定位置

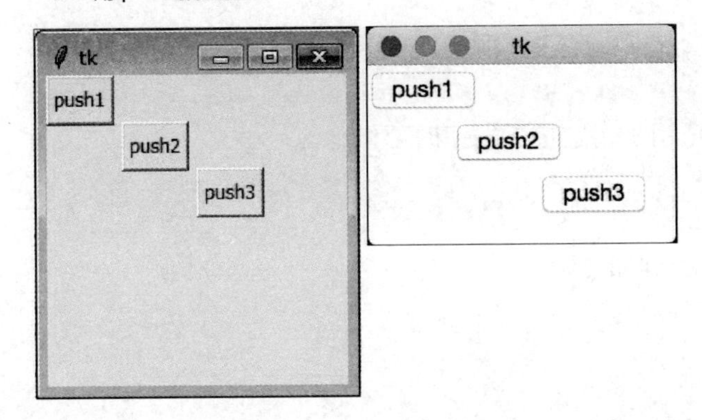

解说

这和grid 方法一样，先创建按钮。之后用x 和y 来指定坐标。在这个示例中，可以看到x 指定了距离左边多少像素，y 指定了距离顶部多少像素，以此类推。注意，像素（pixel）是计算机中常用的长度计量单位。

◆ 3 种方法的使用

我们已经了解到，在屏幕上放置组件有三种方法：pack 方法、grid 方法、place 方法。

对于这三种方法，最好使用 pack 和 grid 方法来放置组件，因为当添加其他组件或改变屏幕配置时，很难重新调整已经拥有的所有组件的坐标。如果需要将一个组件放置在 pack 和 grid 方法不能放置的地方，可以使用 place 方法。

添加 button 并设计内容

接下来介绍一下如何编写按钮的内容。请按以下方式执行。

console

```
>>>import tkinter as tk
>>>base = tk.Tk()
>>>def push():↵
... tab print('MELON ! ')↵
... ↵
>>>button = tk.Button(base, text="WATER", command=push).pack()↵
```

解说

第 3 行定义了 push 函数。

```
def push():
```

之后，在第 6 行中，command 选项用于指定按下按钮时要做什么。

```
button= tk.Button(base, text="WATER", command=push).pack()
```

最后，当用 pack 方法放置时，会得到如下画面。

Fig 写有 WATER 字样的按钮制作完成

当按下这个按钮时，可以在控制台上看到以下结果。来试一试吧！

输出结果

```
MELON!
```

每按一次显示的“WATER”按钮，就会看到一串 MELON ！字符串。这意味着每次按下按钮，push 函数就会被执行。当完成后，点击所创建的窗口上的 x（关闭）按钮来结束它。

了解组件的种类

在 tkinter 中，除了用于创建 GUI 应用程序的按钮外，还有许多其他组件。

◆ 标签

标签是一个显示文本的组件。它们的使用方式通常与按钮相同。要创建一个标签，请执行以下操作。

```
>>>import tkinter as tk
>>>base=tk.Tk()
>>>tk.Label(base, text='红', bg='red', width=20).pack()
>>>tk.Label(base, text='绿', bg='green', width=20).pack()
>>>tk.Label(base, text='蓝', bg='blue', width=20).pack()
```

Fig 红·绿·蓝 的标签制作完成!

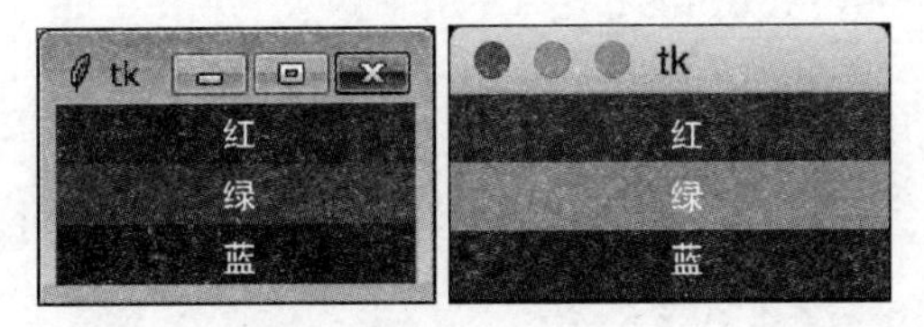

使用 Label 类放置标签。对于每个配置项，text 指定要显示的文字，bg 是 background 的缩写，指定背景的颜色。至于颜色，不仅可以指定“yellow”“cyan”“magenta”等，还可以指定颜色代码，用十六进制数表示颜色。标签以外的组件也可以设置 background，来试试吧！

标签的宽度和高度可以分别由 width 和 height 来指定。除文字外，还可以使用“image”设置用图像显示标签。

◆ 复选按钮

复选按钮是一个可以勾选的方形按钮。本节将解释如何创建这些复选按钮，以及如何获得它们的值。请按以下方式执行：

```
>>>import tkinter as tk
>>>base = tk.Tk()
```

```
>>>topping = {0:'ノリ', 1:'煮鸡蛋', 2:'豆芽', 3:'叉烧'} ↵
>>>check_value = {}↵
>>>for i in range(len(topping)):↵
... [tab] check_value[i] = tk.BooleanVar()↵
... [tab] tk.Checkbutton(base, variable=check_value[i], text = topping[i]).
          pack(anchor=tk.W)↵
...↵
>>>def buy():↵
... [tab] for i in check_value:↵
... [tab] [tab] if check_value[i].get() == True:↵
... [tab] [tab] [tab] print(topping[i])↵
...↵
>>>tk.Button(base, text='下单', command=buy).pack()
```

Fig 当用复选按钮选择一个以上的时候

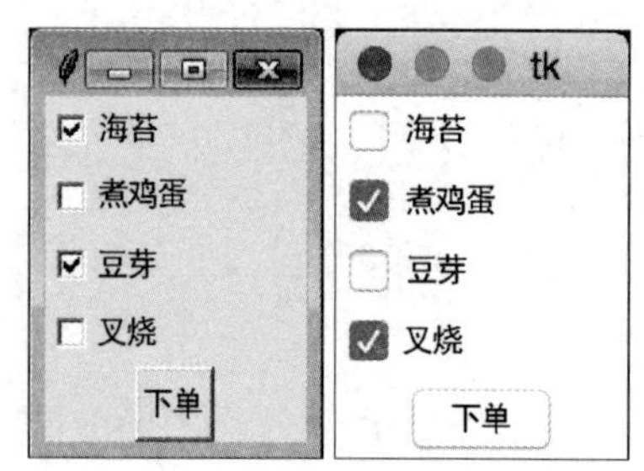

解 说

将配料的类型定义为字典类型的数据，如下所示：

```
>>>topping= {0:'海苔', 1:'煮鸡蛋', 2:'豆芽', 3:'叉烧'}
```

第5行使用了for，重复了配料数量（本例中为4个）的处理，复选按钮要设置并放在一起。

```
>>>fori in range(len(topping)):↵
... [tab] check_value[i] = tk.BooleanVar()↵
... [tab] tk.Checkbutton(base, variable=check_value[i], text =
         topping[i]).pack(anchor=tk.W)↵
```

for 条件比较复杂，下面来逐一看一下。首先，使用 len 函数来获取变量 topping 中的元素数量。然后使用这个数字作为在 range 函数中 for 的条件。现在，可以在元素的数量范围内重复这个过程。

而在 text 部分，将根据原字典类型变量 topping 的键（0、1 等），打印出元素（海苔、煮鸡蛋等）。我们还使用了一个 pack 的新设置，叫作 anchor。anchor 允许指定 pack 的组件在放置时往基屏上哪个边靠拢。tk. W，组件向左靠拢，W 代表 West（西）。在 for 中，check_value 变量设置为 tk. BooleanVar，可以是 true 或 false。其值可以用 set 方法和 get 方法进行编程操作。

创建窗口后，定义一个 buy 函数。

```
>>>def buy():
```

这是一个在按下按钮时要执行的函数。buy 函数中的过程是检查所有的复选框是否被选中，并用 print 函数打印出被选中的复选框。对于每个配料（topping），选中或未选中的框的值都存储在 check_value 变量中，每次屏幕操作时都会被 tkinter 重写。使用 get 方法检索该值，并与 True 比较。试着勾选并取消勾选，或者在各种状态下按下“下单”按钮，看一看控制台屏幕上显示的数据。

◆ **单选按钮**

单选按钮，就像复选框一样是用来进行选择的。复选框和单选按钮的区别在于，用户只能进行一次选择。可以通过以下方式创建一个单选按钮。

console

```
>>>import tkinter as tk↵
>>>base = tk.Tk()↵
>>>radio_value = tk.IntVar() ↵
>>>radio_value.set(1)↵
>>>lunch = {0:'A午餐',1:'B午餐',2:'C午餐'}↵
>>>tk.Radiobutton(base text = lunch[0], variable = radio_value, value = 0)
    .pack()↵
>>>tk.Radiobutton(base text = lunch[1], variable = radio_value, value = 1)
    .pack()↵
>>>tk.Radiobutton(base text = lunch[2], variable = radio_value, value = 2)
    .pack() >>>def buy():↵
... tab value = radio_value.get()↵
... tab print(lunch[value])↵
... ↵
>>>tk.Button(base, text='下单', command=buy).pack()↵
```

Fig　单选按钮

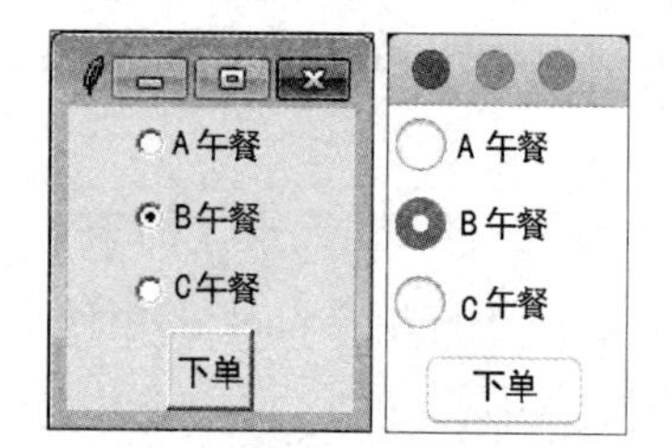

使用 tk. Radiobutton 创建一个单选按钮。对 text、variable 和 value 进行设置。text 是出现在单选按钮旁边的文字，variable 是包含单选按钮操作时要修改的数据的变量。最后一个 value 是指定单选按钮的序列号。与复选框不同的是，value 的值被写入一个名为 radio_value 的通用变量，而不是写成一个 true 或 false 的值。radio_value 变量指定了一个 tk 的实例。当在 tkinter 画面上操作单选按钮时，单选值会根据所选元素更新为 0、1 或 2。显示按“下单”按钮时选择的午餐种类。

◆ **消息框**

tkinter 提供了 8 种不同类型的消息框（弹出式）。这次将使用 askyesno 来显示一个弹出的屏幕，在屏幕上有“yes”或“no”的选项。

console

```
>>>import tkinter as tk↵
>>>import tkinter.messagebox as msg↵
>>>base = tk.Tk()↵  ●———— 弹出窗口
>>>base.withdraw()↵  ●———— 隐藏弹窗
''  ●———— 无特别含义
>>>response = msg.askyesno('不妙!!! ', '还好吗? ')↵
```

这时，一个名为“不妙!!!”的窗口出现了。在按下其中一个按钮之前，都不能返回控制台，试着按下“是/Yes”按钮，返回控制台继续输入程序。

console

```
>>>if(response = =True):↵
... [tab] print('没问题');↵
>>>else:↵
... [tab] print('并不好');↵
没问题
```

由于刚才按了“是/Yes”按钮，现在控制台显示“没问题”。让我们看看如果按“不/NO”按钮会发生什么。按↑键，

```
>>>response = msg.askyesno('不妙!!! ', '还好吗? ')
```

再次弹出窗口，这次按“（不/NO）”按钮。提示“并不好”。

Fig 不妙对话框

函数 askyesno 的第一参数是对话框的标题，第二参数是对话框中要显示的文字。

```
>>>response = msg.askyesno('不妙!!! ', '还好吗? ')
```

变量 response 被设计成当用户在屏幕上按“是/Yes”时返回 True，当用户按“不/No”时返回 False。程序利用这个原理用 Yes 表示“没问题”，用 No 表示“并不好”。

对话框中提供了以下 8 种方法，按钮的数量和内容都会发生变化。请根据自己的需要来使用它们。有一些也许能从名字上猜到它们的方法是什么。

Table 对话框类型

方法名	作用
askokcancel	OK/取消
askquestion	是/不是
askretrycancel	重试/取消
askyesno	是/不是
askyesnocancel	是/不是/取消
showerror	显示错误图标和信息 （只有单击“OK 确定”按钮才能关闭窗口）
showinfo	显示信息图标和信息 （只有单击“OK 确定”按钮才能关闭窗口）
showwarning	显示警告图标和信息 （只有单击“OK 确定”按钮才能关闭窗口）

◆ 文本输入栏

为了创建一个单行文本输入栏，使用一个名为 Entry 的类。下面的程序显示了如何在一个窗口中放置一个文本输入栏，并在其下方放置一个标签，以显示输入的字符。

console

```
>>>import tkinter as tk
>>>base = tk.Tk()
>>>string = tk.StringVar()↵          使程序能够处理字符串
>>>entry = tk.Entry(base, textvariable=string).pack()↵          创建一个输入栏
>>>label = tk.Label(base, textvariable=string).pack()↵          创建标签
```

解说

下面来实例化StringVar类，以创建一个输入字符的窗口。StringVar类是用来处理随着输入而"改变"的字符串等。"StringVar"中的Var来自于"variable"一词，意为"变化"。

接下来，我们实例化Entry类和Label类。Entry类用来设置文本输入栏。在每个textvariable设置项中指定相同的string。这个string是在第3行中生成的tk. StringVar的实例。通过这种方式，可以创建一个标签，直接反映在文本输入栏中写入的内容。

Fig　tkinter entry画面

菜单显示

接下来介绍一下用tkinter制作菜单的方法，菜单在GUI应用程序中是不可或缺的一部分。要用tkinter创建一个菜单，需要使用Menu类。像往常一样运行以下代码。

console

```
>>>import tkinter as tk↵
>>>base = tk.Tk()↵
>>>def supermode():↵
... [tab] print('super mode! ')↵
...↵
>>>menubar = tk.Menu(base)↵
>>>filemenu = tk.Menu(menubar)↵
>>>filemenu.add_command(label='supermode', command=supermode)↵
>>>menubar.add_cascade(label='Operation', menu=filemenu)↵
>>>base.config(menu=menubar)↵          创建一个菜单栏
```

解说

要看出这些设置在屏幕上的各个位置是很困难的，我们来通过图片确认一下。这个菜单画面出现在 Windows 上创建的窗口顶部，在 Mac 上出现在桌面屏幕的顶部。

Fig [tk menu]

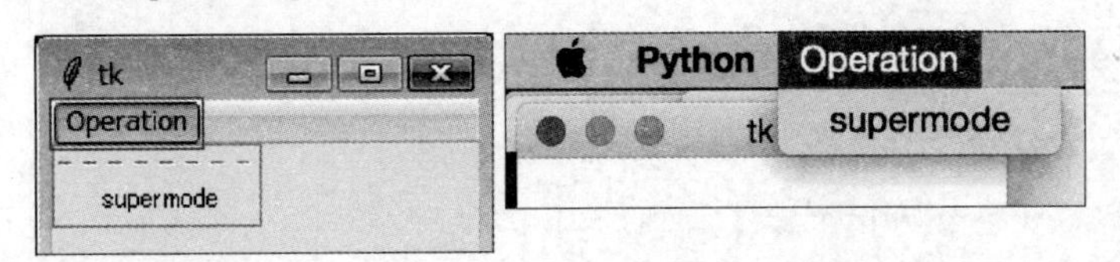

在第 6 行，定义了一个 menubar 变量来创建一个菜单栏。在这里，将 base 传递给 tkinter 的 Menu 类。

```
>>>menubar = tk.Menu(base)↵
```

menubar 变量是放置菜单项的地方，它相当于目前看到的按钮和标签中的 base。

在下一行中，用刚才看到的 menubar 作为参数执行 Menu 类，创建 filemenu。就是说在菜单栏的基础上创建一个文件菜单。

```
>>>filemenu = tk.Menu(menubar)↵
```

filemenu 和 menubar 都是实例化 Menu 类得到的 Menu 对象。Menu 对象中包含了各种各样的方法，使用其中的 add_command 方法，添加按下菜单时出现的项目。

```
>>>filemenu.add_command(label='supermode', command=supermode)↵
```

在按下菜单时，将要显示的文字指定为设置项中的 label，要执行的函数指定为 command。在这里，将 supermode 指定为标签的字符串，command 是 supermode 函数。现在，当按下菜单时，我们写的函数--supermode 将被执行。

现在已经完成了菜单的“设置”。接下来将对菜单进行“设置”。这次使用 menubar 的 add_cascade 方法，并将 filemenu 关联到 menubar。

```
>>>menubar.add_cascade(label='Operation', menu=filemenu)↵
```

设置一个 menubar 作为 base 画面的 menu。

```
>>>base.config(menu=menubar)↵
```

现在已经确认了菜单画面的基本操作，我们还准备了一个示例程序，介绍一些其他与菜单相关的方法。示例程序介绍了以下 4 种。

- ▶ GUI 应用中常用的，打开处理对象文件夹的对话框。
- ▶ 在菜单中显示横线。

▶ 显示多个菜单。

▶ 从菜单中退出已启动的应用程序。

```
>>>import tkinter as tk↵
>>>import tkinter.filedialog as fd↵
>>>base = tk.Tk()↵
>>>def open():↵
... tab filename = fd.askopenfilename()↵
... tab print('open file => ' + filename)↵
...↵
>>>def exit():↵
... tab base.destroy()↵
...↵
>>>def find():↵
... tab print('find!')
...↵
>>>menubar = tk.Menu(base)↵
>>>filemenu = tk.Menu(menubar)↵
>>>menubar.add_cascade(label='File', menu=filemenu)↵
>>> filemenu.add_command(label='open', command=open)↵
>>> filemenu.add_separator()↵
>>>filemenu.add_command(label='exit', command=exit)↵
>>> editmenu = tk.Menu(menubar)↵
>>>menubar.add_cascade(label='Edit', menu=editmenu)↵
>>> editmenu.add_command(label='find', command=find)↵
>>> base.config(menu=menubar)↵
```

Fig 二级菜单

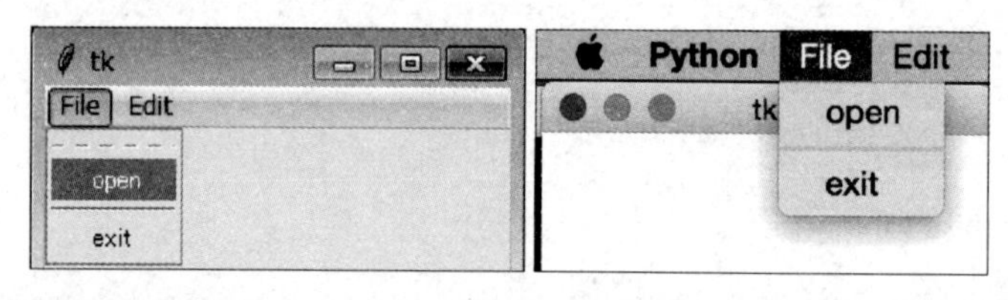

解说

像往常一样，先 import tkinter，然后 import tkinter. fileialog 模块。为了方便使用，把它简称为“fd”。

```
>>>import tkinter.filedialog as fd↵
```

菜单的创建方式与先前程序相同。

askopenfilename 方法在第 4 行定义的 open 函数中使用。

```
>>>def open():↵
... tab filename = fd.askopenfilename()↵
... tab print('open file => ' + filename)↵
...↵
```

调用此方法时，显示选择文件的对话框，并获取对话框中选择的文件名。这一次，使用 print 功能来显示获取的文件名。

使用 add_ separator 方法，可以在菜单中显示横线。

```
>>>filemenu.add_separator()↵
```

当项目数量增加时，可以创建一个易于阅读和理解的菜单。

Fig　横线设置成功

从下往上数第 5 行，在菜单中增加一个 exit 项。和 open 一样，标签是 exit 字符串，命令（command）是上面定义的 exit 函数。

```
>>>filemenu.add_command(label='exit', command=exit)↵
```

如果再往上检查第 8 行，它定义了 exit 函数，并且设置了在 base 画面上运行 destroy 方法。

```
>>>def exit():↵
tab base.destroy()↵
...↵
```

执行 destroy 方法，base 画面运行终止。destroy 是“毁灭”的意思。虽然意思稍有夸大，但很容易记住。

第 20 行定义了 editmenu。内容与定义 filemenu 时相同。

```
>>>menubar.add_cascade(label='Edit', menu=editmenu)↵
```

我们共介绍了 6 种类型的 tkinter 组件。可以通过组合或自定义部分菜单项目，轻松增加或减少菜单项目的数量。

到目前为止，已经介绍了各种 tkinterGUI 组件。最后，使用 tkinter 和新的第三方库来创建一个具有全部功能的应用程序。这个程序可以将任意文字转换为 QR 码[⊖]并保存。从零开始创建一个应用程序似乎很难，不过在第三方库的帮助下它将变得非常简单，让我们一起来看看吧！

▼我们的工作

qrcode 包

首先来介绍程序的核心，一个生成 QR 码图像的第三方库，即“qrcode”。

► qrcode

URL https：//pypi. python. org/pypi/qrcode

它是在 PyPI 中注册的，可以用 pip 命令安装。另外，为了生成 QR 码图像，内部使用了 Pillow，如果还没有安装，也请安装一下。

⊖ QR 码是 DENSO WAVE INCORPORATED 的注册商标。

```
pip install qrcode
```

如果看到以下信息，说明安装已经完成。

```
Successfully installedqrcode-5.1 six-1.10.0
```

以下是一个简单的程序使用示例。这个程序可以将谷歌的 URL 转换成 QR 码，并显示在屏幕上。

```
>>>import qrcode
>>>encode_text = 'http://google.com'
>>>img = qrcode.make(encode_text)
>>>type(img)
<class 'qrcode.image.pil.PilImage'>
>>>img.show()
```

Fig QR码已创建!

解说

当把一个字符串传递给 qrcode 的 make 方法时，就会生成一个图像。

```
>>>img = qrcode.make(encode_text)
```

如果将变量 img 传递给 type 函数，并检查数据类型（type），就会发现它使用的是 Pillow 数据。

```
>>>type(img)
<class 'qrcode.image.pil.PilImage'>
```

对于 img，可以使用介绍 Pillow 时学习的方法。可以像本程序一样显示图像，也可以使用 save 方法保存图像。

QR 码生成程序

从这里开始，将集 tkinter 之大成，创建一个万全的应用程序。在开始之前，先来看看完成后的应用程序是如何工作的。

Fig 输入画面

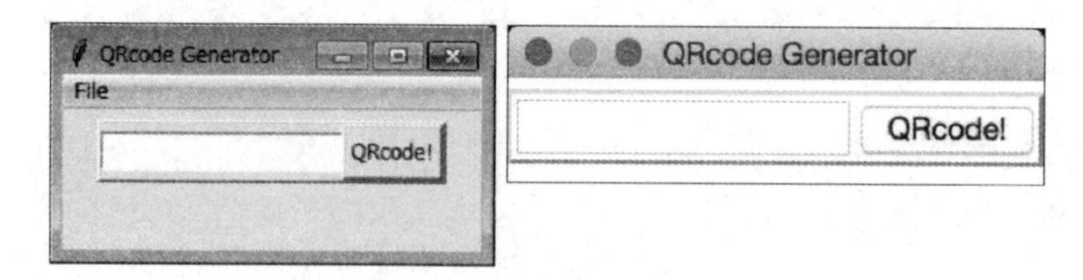

启动后，马上出现一个简单的画面，只有一行输入栏和一个按钮。在此输入栏中输入要用于转换为 QR 码的文字，然后按下按钮，屏幕上就会显示二维码，如下图所示。通过在文本框中输入喜欢的网站 URL 或文本来生成二维码，然后使用智能手机上的 QR 码读取应用尝试读入 URL。

Fig QR 码生成应用程序

它还提供了一个菜单来保存生成的图像。

Fig 菜单画面

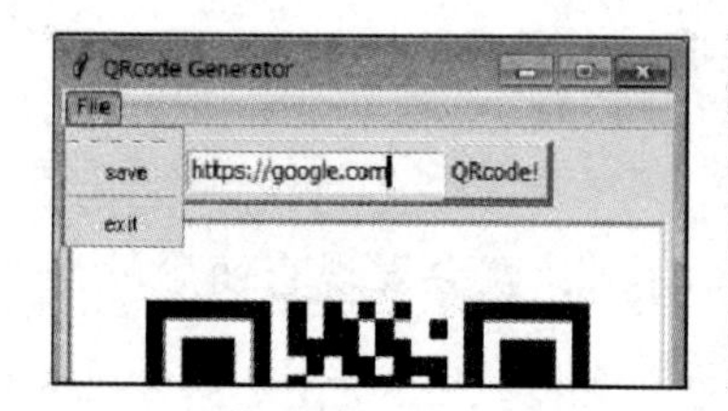

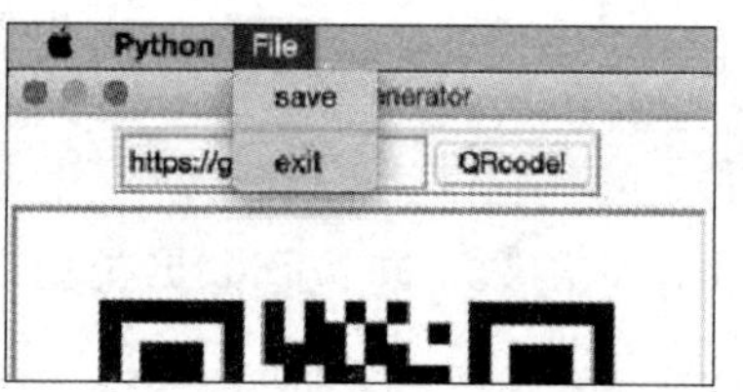

当从菜单中选择“save”时，会出现一个保存文件的对话框，可以指定要保存的文件的位置和名称。

现在知道要做什么了吗？让我们把最后一个程序写到文本文件中吧。

qrcode.py

```
01 import qrcode as qr
02 import tkinter as tk
03 import tkinter.filedialog as fd
04 from PIL import ImageTk
05 base = tk.Tk()
06 base.title('QRcode Generator')
07 input_area = tk.Frame(base, relief=tk.RAISED, bd=2)
08 image_area = tk.Frame(base, relief=tk.SUNKEN, bd=2)
09 encode_text = tk.StringVar()          ← 存放作为QR码使用的字符串的变量
10 entry = tk.Entry(input_area, textvariable=encode_text).pack
        (side=tk.LEFT)
11 qr_label = tk.Label(image_area)       ← 显示QR码的标签
12 def generate():
13 ... tab qr_label.qr_img = qr.make(encode_text.get())
14 ... tab img_width, img_height = qr_label.qr_img.size
15 ... tab qr_label.tk_img = ImageTk.PhotoImage(qr_label.qr_img.size)
16 ... tab qr_label.config(image=qr_label.tk_img,width=img_
        width,height=img_height)
17 ... tab qr_label.pack()
18 ...
19 encode_button = tk.Button(input_area, text='QRcode! ',command=generate).
        pack(side=tk.LEFT)             ← 创建一个按钮
20 input_area.pack(pady=5)             ┐
21 image_area.pack(padx=3, pady=1)     ├ 绘图框架
22 def save():                         ┘
23 tab filename = fd.asksaveasfilename                              ┐
        (title='命名文件并保存', initialfile='qrcode.png')           │
24 tab if filename and hasattr(qr_label, 'qr_img'):                 ├ 保存菜单
25 tab tab qr_label.qr_img.save(filename)                           ┘
26 ...
```

```
27 def exit():
28 	base.destroy()
29 ...
30 menubar = tk.Menu(base)
31 filemenu = tk.Menu(menubar)
32 menubar.add_cascade(label='File', menu=filemenu)
33 filemenu.add_command(label='save', command=save)
34 filemenu.add_separator()
35 filemenu.add_command(label='exit', command=exit)
36 base.config(menu=menubar)
37 base.mainloop()
```

（第27～29行：结束菜单；第30～37行：创建菜单画面）

这是本书中介绍过的最长的程序，它基本上是目前所学程序的组合，所以只要慢慢地逐条理解就可以了！

前4行import要在这个程序中使用的库。除了ImageTk，每个库名都是两个字符。

```
01 import qrcode as qr
02 import tkinter as tk
03 import tkinter.filedialog as fd
04 from PIL import ImageTk
```

在第4行，从外部库Pillow加载了一个名为ImageTk的模块。ImageTk用于将图像转换为可以被tkinter使用的格式。

接下来要创建画面的base，在第6行设置了base的title。这样一来，就可以在窗口的上方显示应用名称“QRcode Generator”。

```
06 base.title('QRcode Generator')
07 input_area = tk.Frame(base, relief=tk.RAISED, bd=2)
08 image_area = tk.Frame(base, relief=tk.SUNKEN, bd=2)
```

通过实例化Frame类创建的Frame（框）的使用方式与包含各种组件的基类基本相同。在input_area变量中，定义了转换为QR码的字符串和放置按钮的框架，在image_area变量中，定义了放置QR码图像的框架。设定项“RELIEF”设计了框架㊀。

㊀ 在这里使用了tk.RAISED和tk.SUNKEN，但也可以用tk.GROOVE和tk.RIDGE。由于relief是指定框架设计的选项，所以请注意，除非同时指定bd改变框架宽度，否则框架的外观不会改变。

另一个设置项 bd 代表“boderwidth”，指定框架的宽度。

在第 9 行中，将 StringVar 类实例化为 encode_text 来保留输入的字符串，在下一行中，将 Entry 类实例化，以使用 encode_text 创建一个文本框。

```
09 encode_text = tk.StringVar()        存放作为 QR 码使用的字符串的变量
10 entry = tk.Entry(input_area, textvariable=encode_text).pack
       (side=tk.LEFT)
```

文本框的位置被指定为 input_area，在上一行将显示内容定义为 encode_text。在 pack 方法中，指定 side = tk. LEFT，从左边开始显示。现在有了一个文本框，可以用它来输入文本。

第 11 行是显示本应用生成的 QR 码的标签设置。在这里只定义了将其放入 image_area 这个框架中。

```
11 qr_label = tk.Label(image_area)
```

我们不使用 pack 方法马上显示的原因是，当创建应用程序时（就在代码执行后），并没有图像显示在标签上，所以最终会得到一个空的标签，外观上不好看。

从第 12 行开始，定义了 generate 函数。这是在按下生成 QR 码的按钮时要执行的函数。

```
12 def generate():
13 ... tab qr_label.qr_img = qr.make(encode_text.get())
14 ... tab img_width, img_height = qr_label.qr_img.size
```

在第 13 行中，通过 get 函数得到要用于 QR 码的字符串，并使用 qrcode 包的 make 函数生成 QR 码的图像，将其放入 qr_label 的 qr_img 中。第 14 行中的 qr_img 得到 QR 码的高和宽。你可能对这个写法并不熟悉，qr_ img. size 会返回高度和宽度大小的元组类型数据，如果把两个变量放在 = 的左侧，像这样用“,”隔开，就可以把数据分别放入其中。

▶ **以寿司为例**

```
neta1, neta2 = ('maguro', 'kappa')        neta1 为 maguro、neta2 为 kappa
```

在第 15 行，qrcode 包中创建的图像通过 Pillow 的 ImageTk 模块，被转换为可以由 tkinter 使用显示的数据。

```
15 ... tab qr_label.tk_img = ImageTk.PhotoImage(qr_label.qr_img.size)
```

从第 16 行开始，每个项通过覆盖第 11 行定义的 qr_ label 来进行设置。config 函数用于指定设定项的值。

```
16 ... tab qr_label.config(image=qr_label.tk_img,width=img_width,
        height=img_height)
```

除了指定要显示的图像外，还指定图像的大小作为标签的大小。在不指定大小的情况下，如果图像大于标签的大小，则只显示标签的大小，如果图像小于标签的大小，则标签和图像之间会有留白。

像这样将定义后的 qr_label 用 pack 函数表示后，generate 函数的定义到此为止。

组件的设置方法

有以下 3 种方法可以指定组件的设置。

▶ **组件设置的 3 种编写方法**

```
label = tk.Label(bg1 = 'red', bg2 = 'blue')      ❶在创建时设定
label.pack()
label.config(bg1 = 'red',bg2 = 'blue')           ❷创建后设定
label['bg1'] = 'red'
label['bg2'] = 'blue'                            ❸创建后分别设定
```

在这之中，由于方法❷可以在组件创建后进行一次性设定，所以常常被使用。

接下来，在第 19 行定义一个按钮，并在按钮被按下时执行 generate 函数。

```
19 encode_button = tk.Button(input_area, text='QRcode! ',
       command=generate).pack(side=tk.LEFT)
```

我们用 pack 函数来实现第 20 行中“想要用 QR code 表示的字符串输入栏及放置按钮的input_area”，以及第 21 行中“表示 QR code 画面的 image_area”。

```
20 input_area.pack(pady=5)
21 image_area.pack(padx=3, pady=1)
```

设定项中的“padx”和“pady”是指每个框架外侧要留多宽。这样就完成了生成 QR 码程序的一部分。

接下来创建一个菜单界面。我们将创建一个菜单，用于保存生成的图像并退出应用程序。此处将分别定义一个 save 函数和一个 exit 函数。

save 函数包含两个步骤：❶获取要保存的文件名；❷用获取的名字保存文件。

要获得想保存的文件名，可使用程序开始时 import 的 tkinter.fileialog。使用该模块中的函数，及能够显示文件选择对话框的方法，会发现这个方法在实现“选择打开文件”

功能时也曾使用过。这次要保存文件，所以使用 asksaveasfilename 函数。

```
23 filename = fd.asksaveasfilename(title='命名文件并保存',
        initialfile='qrcode.png')
```

asksaveasfilename 函数可以不指定任何设定项，但在我们的例子中，选择设定了❶窗口的标题，❷默认的保存文件名。❶设定的 title 是指显示在对话框上方的文字。这次设定为“另存为”。❷initialfile 中设定的字符串是在“保存文件名”一栏中输入的文件名。这很方便，因为用户不必从头开始设置。

用获取的文件名保存 QR 码的图像。此时，用 if 检查两个条件。

```
24 tab if filename and hasattr(qr_label, 'qr_img'):
25 tab tab qr_label.qr_img.save(filename)
```

两个条件同时用一个 and 来连接，以确定“如果 A 和 B”，只有当两个条件都为真时，才用 qr_ img 的 save 函数来保存二维码的图像。下面逐一来看一下。

第一个条件 filename，用于当变量 filename 中没有字符串时，识别为 False，跳过下一个进程。这样做的原因是为了避免在试图保存一个显示在菜单画面中的对话框时，由于没有在变量 filename 中指定任何文件名而取消保存时出现错误。

第二个条件是 hasattr 函数，它是一个内置函数，检查第一参数中是否存在第二参数的 attribute，如果存在则返回 True，如果不存在则返回 False。这里，它检查字符串 qr_img 是否存在于 qr_label 中。为什么要检查呢？当用户按下按钮，第一次执行 generate 函数时，就会创建 qr_img。如果没有这个条件分支，当用户从菜单中选择“save”时，如果没有图像，就会出现错误。这种用户行为虽然不是我们所期待的，但也不是不可能，所以需要在编程时考虑这个问题。

当从菜单中选择“exit”时，exit 函数通过 destroy 功能销毁放置着所有组件的 base 画面，并退出应用程序。

现在已经有了所有必要的流程。接下来将菜单画面的组件配置结束就大功告成了。使用 Menu 类创建一个菜单栏，并设置好刚才所说的 save 函数和 exit 函数。基本上和前面学到的设置菜单画面的方法一样。最后，将通过调用本章前面介绍的 mainloop 函数来结束，该函数用于接受用户的操作。从控制台运行 qrcode.py，测试完毕后，从应用程序的菜单中选择 exit 即可。

如何提高自己的编程能力

我们终于完成了最后一章的学习，我相信，这本书里有很多难懂的地方。这是一本“超级”入门书，但如果你已经做到了这一步，我相信随着继续进行更多的训练，一定能稳步提高。

要想提高自己的编程能力，有很多方法，但如果让我选一个认为对提高能力最重要的因素，那就是“不断学习编程”。这一点可能听起来理所当然，但在学习编程的过程中，一定会遇到一些挫折。这个时候可以将“无论如何也不能理解的东西”暂时放下，先学习能掌握的部分。如果厌倦了编程，也可以暂时远离它一段时间。但我相信你最终还是会回来的。编程有自己的一套概念，不同的编程语言有不同的思想。没有多少人能够一下子顺利地理解它们。此外，编程语言每天都在发展。它们的版本越来越好，越来越方便，但也越来越复杂。我经常遇到不懂的事情，还有很多东西要学。既然编程是一门如此深奥难懂的学科，我们在理解上自然不可能面面俱到，所以希望大家在知道这个事实的基础上，继续一点一滴地学习。如果你这样做了，一定会发现自己对过去不懂的东西更加熟练了，当你回过头来看，会发现自己已经进步了。就像我们不认识所有的汉字，也不知道如何使用各种书写技巧，但还是会写文章的，不是吗？我觉得和这个道理差不多。

附录　查错

在开发过程中难免会出现错误。如果能弄清楚该错误信息想要告诉你什么，就能缩短解决问题的时间。以下是常见的错误列表，以及遇到这些错误时应该注意的事项。当出现错误时，请参考下面的内容。

语法错误

虽然这是最基本的错误，但在一开始编程的时候也许很难发现。它经常发生在以下情况中。

- 单引号或双引号没有输入完整。
- 或者忘记在 for 或 if 的末尾加上“：（冒号）”。

可以把错误信息作为提示，来仔细检查是否有什么问题。

◆ 关于字符代码错误

即使语法正确，也会发生字符代码错误。下面是运行只包含 print（'nihongo'的）文件时发生错误的例子。

nihongo. py

```
print('nihongo')
```

```
python nihongo. py ↵
  File"nihongo. py", line1
SyntaxError: Non - ASCII character '\xe4' in file nihongo. py on line 1,
      but no encoding declared; see http://python. org/dev/peps/pep - 0263/ for de-
tails
```

这个错误发生在 Python 2 系统中。消息表示为“发现不存在于 As cii 字符代码中的字符!”。但“代码并没有声明”。如果在 Python 2 中输入中文的话，需要在文件顶部声明执行文件的字符集。在文件的顶部，应该写下以下字符集指定的书写方法之一。

▶ 字符集指定的书写方法 1

```
# - * - coding: utf - 8 - * -
```

▶ 字符集指定的书写方法 2

```
# coding: utf - 8
```

缩进错误

IndentationError 意为缩进错误，在 Python 中编程时会自动检查缩进。缩进错位或者没有缩进的话，就会提示错误。当用 class 或 def 进行定义时，或者使用 for 或 if 时，请确保它们下面的每一行都有缩进。

还有一些很难发现的缩进错误，比如不该缩进的地方出现了空格缩进。在下面的例子中可以看到，虽然不容易察觉到，但 Python 的语法要求非常严格，所以要多加注意。

```
>>>for i in range(10):↵
 File"<stdin>", line 1
   for i in range(10):
   ^
IndentationError: unexpected indent
```

顺便说一下，在这个例子中，出错的原因是 for 左边有一个空格。

名称错误

当调用一个不存在的函数或一个没有定义的变量时，就会出现 NameError。它常常表现为拼写错误。

```
>>>printo('correct! ')↵
Traceback (most recent call last):
  File"<stdin>", line 1, in <module>
NameError: name 'printo' is not defined
```

当忘记用单引号或双引号来对字符串进行完整输入时，也会出现此错误。这是因为程序无法识别出它是一个字符串。

```
>>>print(string)↵          因无法识别 string 这个字符串所以报错
Traceback (most recent call last):
  File"<stdin>", line 1, in <module>
NameError: name 'string' is not defined
>>>
>>>print('string')↵        告诉程序这是一个字符串
string
```

导入错误

当导入一个标准库或外部库，但找不到试图导入的文件时，就会发生这个错误。在外部库的情况下，它们可能没有被正确安装，或者安装了但还没有设定成可以从 Python 中访问。

```
>>>import (库名)↵
ImportError: No module named (库名)
```

属性错误

如果正在处理的文件夹中存在与要导入的模块同名的文件或文件夹，这时会加载同名的文件和文件夹，而不是要导入的模块。在 Python 进行导入后，会按照顺序检索同一个文件夹的文件。如果加载时出现错误，就会知道有问题，但有时并不会报错。可以用需求模块来检查。

1 文件 requests. py 不输入任何信息将它保存到 Desktop 文件夹。

2 在交互式单元中运行以下内容会引起一个属性错误。

```
>>>import requests ↵
>>>google_html = requests.get('http://google.com')↵
Traceback (most recent call last):
  File"<stdin>", line 1, in <module>
AttributeError: module 'requests' has no attribute 'get'
```

在第一行，当导入 requests 的时候，程序没有报错，但是接下来执行 get 语句的时候，程序将会提示错误。该错误意为“requests 模块没有一个叫作 get 的语句”。那是因为我们已经读取了刚刚创建的 requirements. py 文件。而这个文件里面没有任何数据，所以无法成功运行。

如果你不知道这个错误点的话，程序将会发生不可思议的错误。尤其是模块名往往很简单的时候，要给出一个简单的文件名，不要和模块名冲突。尤其是 Python 中有一个根据 import test 导入的标准库，如果之前创建过一个名为 test. py 的文件，需要多加注意。